学研の図鑑 LIVE Q ライブクイズ

からだの
クイズ図鑑
ずかん

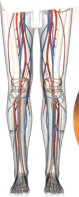

からだの
クイズ**100**問！
こた
いくつ答え
られるかな？

からだの世界へようこそ

　ふだんわたしたちは、運動や勉強、食事や会話などを当たり前のようにおこなっています。わたしたち人間がいろいろな活動ができるのは、目には見えないけれど、からだの中のさまざまなしくみが働いているためです。
　さっそく、からだの世界を見ていきましょう。

動く

わらう

鼻をかむ

かぜをひく

動く・支える

　からだには、いろいろな形の骨があり、骨組全体を骨格といいます。からだの形を保てるのも、動けるのも、骨格があるためです。
　からだのさまざまなところを動かせるのは、筋肉が働くためです。筋肉には骨とつながってからだを動かす骨格筋と、内臓を動かしてその働きを助けるものがあります。

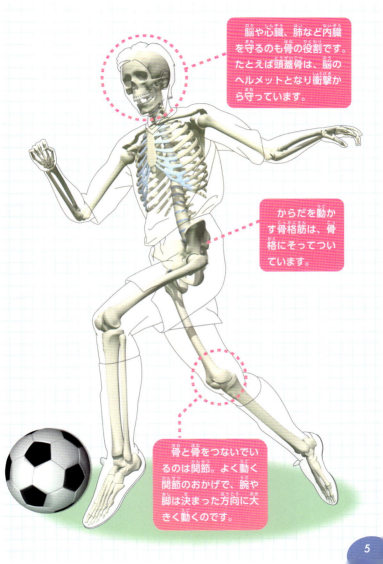

食べる・消化する

　食べ物としてからだに入ってきた栄養を、体内に吸収できるようにするしくみを消化といい、消化にかかわる器官のまとまりを消化器系といいます。

消化のスタートは歯。口に入った食べ物は歯で細かくされ、食道を通り胃へと送られます。胃に送られると消化液の胃液とまぜられ、どろどろになります。

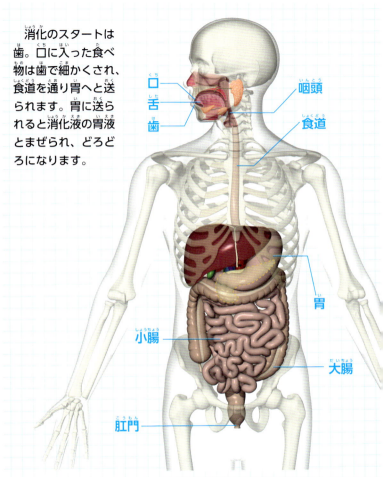

その後、小腸で栄養と水分が吸収され、大腸では残りの水分が吸収されます。そして、残ったかすが便となり、肛門からからだの外に出ます。

呼吸をする

　からだの中のあらゆる細胞が活動するためには、酸素が欠かせません。この酸素をからだに取りこむしくみが呼吸です。
　鼻や口から肺までの、呼吸に関わる器官のまとまりを呼吸器系といいます。

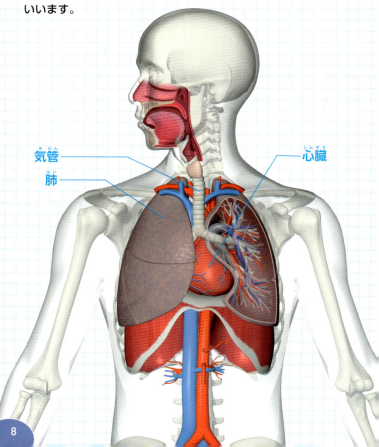

大きくゆっくり息を吸ってみましょう。胸やおなかがふくらみ、息をはき出すと元にもどるのがわかります。

風船をふくらますときにも、肺がふくらんだりちぢんだりします。空気の出し入れをしているためです。

からだをコントロールする

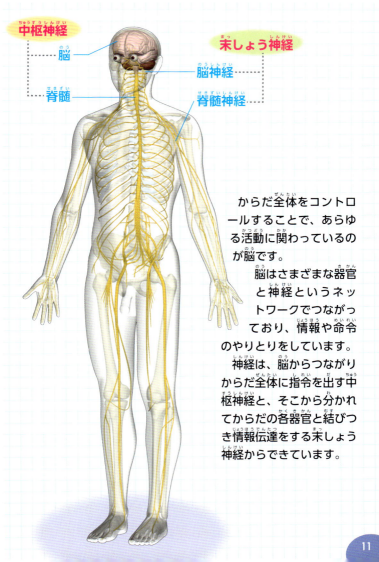

中枢神経
- 脳
- 脊髄

末しょう神経
- 脳神経
- 脊髄神経

　からだ全体をコントロールすることで、あらゆる活動に関わっているのが脳です。
　脳はさまざまな器官と神経というネットワークでつながっており、情報や命令のやりとりをしています。
　神経は、脳からつながりからだ全体に指令を出す中枢神経と、そこから分かれてからだの各器官と結びつき情報伝達をする末しょう神経からできています。

からだのクイズ図鑑

もくじ

巻頭特集
からだの世界へようこそ ……… 2

クイズ 1～17
骨・筋肉・皮ふ ……… 14
骨の個数や力こぶ、髪の毛、汗、指もんなどのクイズ

クイズ 18～39
からだの中 ……… 50
血液、心臓、呼吸、おしっこなどのクイズ

クイズ 40～57
からだと食べ物 ……… 94
味覚や虫歯、胃や腸など消化にまつわるクイズ

クイズ58〜78
感じること・脳の働き …… 126
目、耳、鼻、舌、神経などのクイズ

クイズ79〜100
けが・病気 …… 166
くしゃみ、鼻水、免疫のしくみ、アレルギー、熱中症などのクイズ

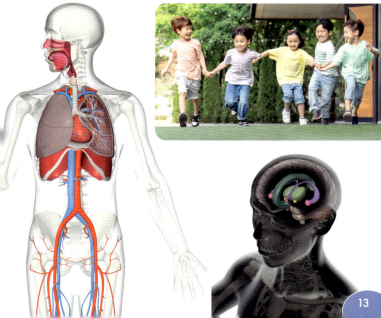

クイズ1 ヒトの骨は全部でいくつある?

ヒトのからだは、うすくやわらかい皮ふにおおわれ、その下に筋肉があり、かたい骨で支えられています。大人のからだの骨を全部合わせると、何個くらいあるでしょう?

❶ 約50個
❷ 約100個
❸ 約200個

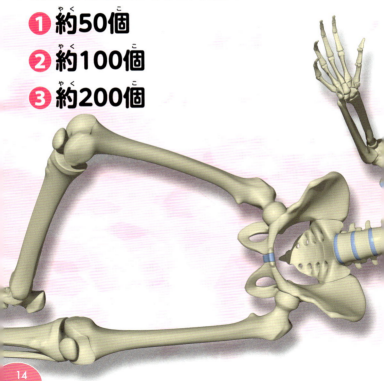

骨・筋肉・皮ふ

大人と子どもでは骨の数がちがうんだって

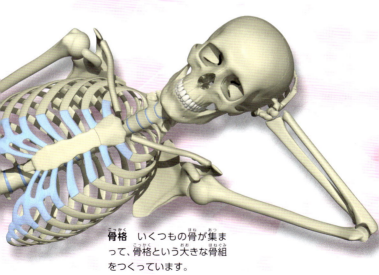

骨格 いくつもの骨が集まって、骨格という大きな骨組をつくっています。

クイズ1 答え ③ 約200個

大人のからだには約200個の骨があり、それぞれの役割に合った形や大きさをしています。赤ちゃんのときは、全部で約300〜350個の骨がありますが、成長するにつれていくつかの骨がくっつき、大人と同じ骨の数になります。人によってあったりなかったりする骨があるため、骨の数はおおよそです。

子どもの骨と大人の骨

全体の形はあまりちがいませんが、子どもの方が全身に対して頭蓋骨が大きくなっています。脳が早く大きくなるためです。

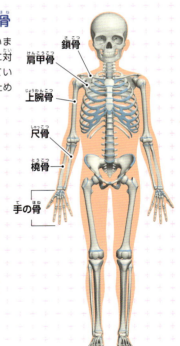

鎖骨
肩甲骨
上腕骨
尺骨
橈骨
手の骨

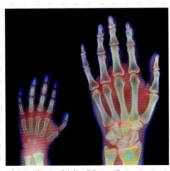

幼児（左）と大人（右）の手のレントゲン写真　幼児には手のつけ根の骨など、完成していない部分があります。

骨・筋肉・皮ふ

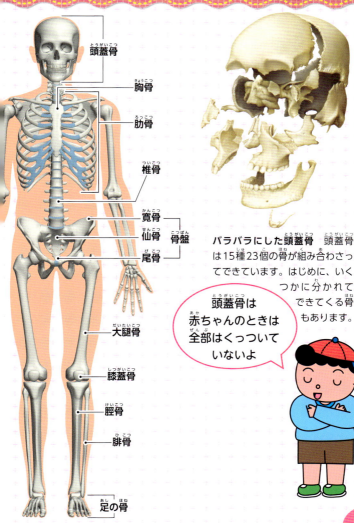

- 頭蓋骨（とうがいこつ）
- 胸骨（きょうこつ）
- 肋骨（ろっこつ）
- 椎骨（ついこつ）
- 寛骨（かんこつ）
- 仙骨（せんこつ）
- 尾骨（びこつ）
- 骨盤（こつばん）
- 大腿骨（だいたいこつ）
- 膝蓋骨（しつがいこつ）
- 脛骨（けいこつ）
- 腓骨（ひこつ）
- 足の骨（あしのほね）

バラバラにした頭蓋骨（とうがいこつ） 頭蓋骨は15種23個の骨が組み合わさってできています。はじめに、いくつかに分かれてできてくる骨もあります。

頭蓋骨は赤ちゃんのときは全部はくっついていないよ

骨に多くふくまれているものは?

1. マグネシウム
2. カリウム
3. カルシウム

ヒトの骨の中でいちばん大きい骨はどこにある?

1つの骨としていちばん大きなものは、からだのどの部分にあるでしょう?

1. 頭
2. 背中
3. 太もも

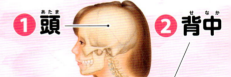

骨・筋肉・皮ふ

クイズ4 骨と筋肉をつなぐものは？

からだは、骨につながっている筋肉がちぢむことで動きます。では、骨と筋肉は何でつながっているでしょう？

①腱　**②じん帯**　**③関節**

骨と筋肉が
つながっているから
からだが動くんだね

クイズ2 答え ③ カルシウム

骨はおもにカルシウムと、コラーゲンというたんぱく質からできています。カルシウムの豊富なものを食べて、ほどよく日光を浴びると、骨がじょうぶになります。

子どものうちはカルシウムをたくさんとろう

カルシウムの豊富な食品 牛乳やチーズなどの乳製品、大豆、魚介類に多くふくまれています。

クイズ3 答え ③ 太もも

太ももにある大腿骨がいちばん大きな骨で、身長の約4分の1の長さがあります。一方、いちばん小さな骨は耳の中にあるあぶみ骨（→P137）で、長さ約2.5mm、重さ約3mgしかありません。

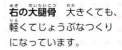

右の大腿骨 大きくても、軽くてじょうぶなつくりになっています。

骨・筋肉・皮ふ

クイズ4 答え ① 腱

からだを動かす筋肉を骨格筋といい、からだ全体で約650の骨格筋があります。骨格筋の両はしは細くてじょうぶな腱になっていて、骨にしっかりとつながっています。

骨格筋と骨の関係

骨と骨がつながっている部分を関節といいます。骨格筋は、関節をまたいで骨と腱でつながり、筋肉がちぢむと骨が動きます。

骨格筋 筋線維という、細長い細胞の束でできています。

腱

骨

腱

骨

関節

腱の線維は骨にくいこんでいて、しっかりくっついているよ

クイズ5 力こぶは何という筋肉?

腕を曲げると、二の腕の筋肉がもり上がって「力こぶ」ができます。この力こぶになるのは、何という筋肉でしょうか?

1. 三角筋
2. 上腕三頭筋
3. 上腕二頭筋

力こぶ

骨・筋肉・皮ふ

クイズ6 足がつったとき何をしてはだめ？

激しい運動をしたときや、ねているときなどに、急に足がつって痛むことがあります。足がつったときに、してはいけないことは次のどれでしょう？

❶ つったところをのばす
❷ つったところを冷やす
❸ つったところを温める

クイズ7 ひざにある膝蓋骨を「ひざの〜」何という？

ひざ小僧にある膝蓋骨は、その形から「ひざの○○」とよばれます。○○に入る言葉は何でしょう？

❶ こう
❷ おわん
❸ さら

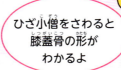

ひざ小僧をさわると膝蓋骨の形がわかるよ

クイズ5 答え ③ 上腕二頭筋

　力こぶは、上腕二頭筋がちぢんで太くなったものです。二の腕（上腕）には、骨をはさんで上腕二頭筋と上腕三頭筋の２つの骨格筋があり、この２つの筋肉が働いて腕を曲げたりのばしたりします。

腕の筋肉の動き

　腕を曲げるときは上腕二頭筋がちぢんで上腕三頭筋がのびます。腕をのばすときは上腕三頭筋がちぢんで上腕二頭筋がのびます。

ちぢんだ分太さをますんだよ

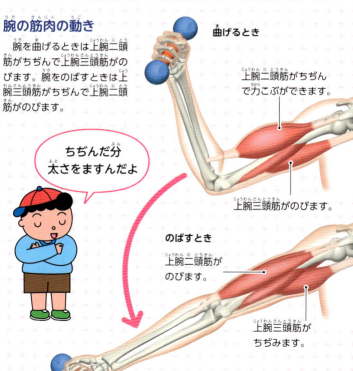

曲げるとき

上腕二頭筋がちぢんで力こぶができます。

上腕三頭筋がのびます。

のばすとき

上腕二頭筋がのびます。

上腕三頭筋がちぢみます。

骨・筋肉・皮ふ

クイズ6 答え ② つったところを冷やす

筋肉をうまくコントロールできず、筋肉が勝手にちぢむと足がつります。運動のしすぎによる筋肉の酸素や栄養の不足、体内の水分やカルシウム不足などいろいろな原因で起こります。筋肉の冷えもその原因の1つなので、つったときに冷やすのは逆効果です。

ふくらはぎがつったときは 足の指を手前に引いてふくらはぎの筋肉をのばしたり、おふろなどで温めて血行をよくしたりすると痛みがおさまります。

クイズ7 答え ③ さら

膝蓋骨は、ひざ関節の前にある丸くて平らな骨で、さらのような形をしていることから、「ひざのさら」とよばれます。ひざ関節を守るほか、ひざをスムーズに曲げたりのばしたりする働きなどがあります。

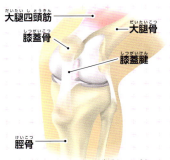

ひざ関節のつくり 膝蓋骨は、太ももの大腿四頭筋とすねの脛骨につなぐ腱の中にあります。

クイズ8 髪の毛は毎日何本ぬけるの?

わたしたちの髪の毛は、古くなったものから自然に毎日ぬけ落ちています。では、1日にどれくらいの髪の毛がぬけているでしょうか?

❶ 5〜10本
❷ 50〜100本
❸ 300〜500本

だれでも毎日髪の毛がぬけるよ

骨・筋肉・皮ふ

クイズ9 髪の毛の色を黒くするのは？

髪の毛の色は、人種などによってちがっています。日本人は黒髪が多いですが、髪の毛を黒くしている色素は何でしょう？

① アントシアニン
② ヘモシアニン
③ メラニン

みんな髪の色がちがっているね

クイズ8 答え ② 50〜100本

髪の毛の寿命は2〜5年で、ある程度成長すると自然にぬけて新しい毛が生えてきます。毎日50〜100本がぬけるというと多く感じるかもしれませんが、髪の毛は約10万本もあります。

毛の生えかわり

毛は毛根の根元でできます。のびていた毛（①）の成長が止まって根元が細くなると（②）、ぬけ落ちて新しい毛が生えてきます（③）。

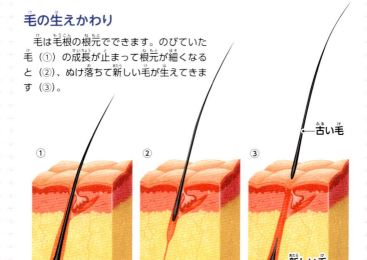

毛根の根元でできた毛が、次つぎにおし上げられてのびていきます。

毛は1日に0.3〜0.5mmずつのびるよ

クイズ9 答え ③ メラニン

髪の毛の色は、毛の中のメラニンという色素の量で決まります。メラニンには、黒いものと赤いものの2種類があり、黒いものが多いと黒髪、赤いものが多いと赤毛になります。また、どちらも多いと栗毛、どちらも少ないと金髪になります。

白髪になるわけ 年を取るとメラニンがあまりつくられなくなります。髪の毛の細胞に光が反射して、髪が白く見えます。

クイズ10 ヒトのからだにはどれくらいの細胞が集まっている?

わたしたちのからだは、小さな細胞がたくさん集まってできています。その数はおよそどれくらいでしょうか？

1. 約60兆個
2. 約60億個
3. 約60万個

顕微鏡で見るととっても小さな細胞がたくさん集まっているのがわかるよ

骨・筋肉・皮ふ

細胞のつくりと働き

1つの小さな細胞の中には、からだの設計図になるDNAからできている染色糸や、たんぱく質をつくる命令を出す核小体を入れる核があります。外側の細胞質には、いろいろなしくみがつまっています。

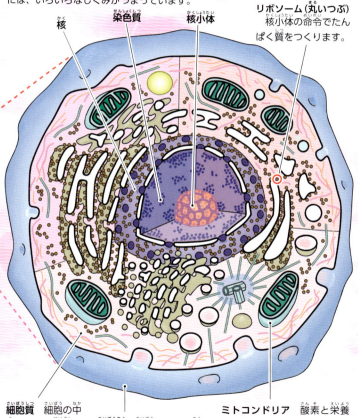

核

染色質

核小体

リボソーム（丸いつぶ）
核小体の命令でたんぱく質をつくります。

細胞質　細胞の中身をつくる成分。

細胞膜　細胞をおおう膜。

ミトコンドリア　酸素と栄養からエネルギーをつくります。

クイズ10 答え ① 約60兆個

ヒトのからだは、約60兆個もの細胞が集まってできています。細胞の形や大きさは働きによってちがい、同じような働きをする細胞がまとまって血液や骨、内臓などをつくっています。

細胞のいろいろ

→視細胞 目の奥にあり、明るさや色を感じます。

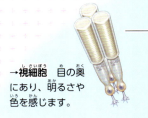

→線維細胞 あちこちにあり、コラーゲンをつくって細胞のまとまりを支えます。

→脂肪細胞 皮ふの下などに集まっていて、脂肪をたくわえます。

卵

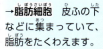

←生殖細胞 赤ちゃんのもとになる細胞で、女性は卵、男性は精子をもっています。

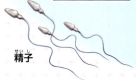

精子

卵の直径は0.15mm。からだの中でいちばん大きな細胞だよ

骨・筋肉・皮ふ

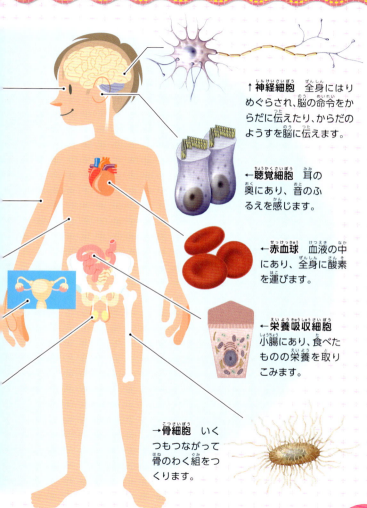

↑**神経細胞** 全身にはりめぐらされ、脳の命令をからだに伝えたり、からだのようすを脳に伝えます。

←**聴覚細胞** 耳の奥にあり、音のふるえを感じます。

←**赤血球** 血液の中にあり、全身に酸素を運びます。

←**栄養吸収細胞** 小腸にあり、食べたものの栄養を取りこみます。

→**骨細胞** いくつもつながって骨のわく組をつくります。

皮ふはどれくらいで生まれ変わる？

皮ふの表面（表皮）は、古くなるとはがれ落ち、新しい表皮と入れかわります。新しく生まれた表皮がはがれ落ちるまで、大人でどれくらいの時間がかかるでしょう？

1. 約3日
2. 約4週間
3. 約6か月

> 赤ちゃんの皮ふは大人よりも早く生まれ変わるよ

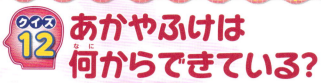

クイズ12 あかやふけは何からできている?

きれいにからだや髪を洗っていても、あかやふけは毎日出てきます。さて、このあかやふけは、おもに何からできているでしょうか?

① 毛・汗
② 汗・あぶら・かび
③ 皮ふのかけら

↑肩に落ちたふけ

クイズ11 答え ② 約4週間

　表皮の厚さはふつう0.1～0.2mmほどで、いちばん下の部分でいつも新しい皮ふの細胞がつくられています。

　できた皮ふの細胞は、古い順におし上げられ、約4週間で表面にきてはがれ落ちます。

↓**皮ふのつくり**　表面から表皮、真皮、皮下組織に分けられます。

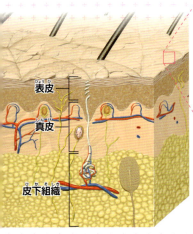

皮ふの生まれ変わり

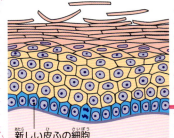

表皮のいちばん下で新しい皮ふの細胞ができます。

クイズ12 答え ③ 皮ふのかけら

あかは、古くなってはがれ落ちた皮ふのかけらに、からだから出た汗やあぶら、空気中のほこりなどがまざってできています。ふけもはがれた頭皮のかけらです。

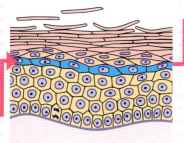

新しい細胞ができるにつれて、表面の方へおし上げられていきます。

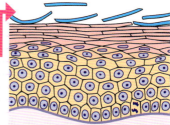

表面にくると、あかやふけになってはがれ落ちます。

はがれた皮ふにはあかやふけになるのね

日焼けをする原因は？

　強い日差しにあたりすぎると、日焼けして肌が黒くなります。では、日焼けが起こるのは日光にふくまれる何が原因でしょうか？

① 紫外線
② 赤外線
③ X線

日焼けすると
肌がヒリヒリするね

クイズ13 答え ① 紫外線

　日焼けして皮ふが黒っぽくなるのは、強い紫外線にあたると、皮ふにメラニンという黒い色素がたくさんできるからです。紫外線を大量に浴びると、細胞を傷つけるので、皮ふの奥に紫外線が入らないように日焼けして防いでいるのです。

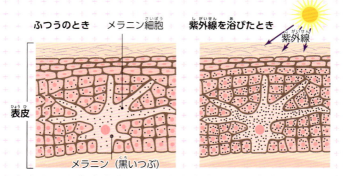

日焼けのしくみ　紫外線を浴びると、表皮のメラニン細胞がメラニンをたくさんつくります。これが表皮全体に散らばって日焼けが起こります。

紫外線を浴びすぎるとしみやしわができたり、皮ふがんになりやすいといわれているよ

紫外線って何?

太陽の光には、ヒトの目に見える可視光線のほか、目に見えない赤外線や紫外線などがふくまれています。紫外線はA、B、Cの3種類に分けられ、そのうち地球に届く紫外線AとBが日焼けの原因となります。

太陽の光　地表に届く紫外線の約9割は紫外線Aです。紫外線Cはオゾン層でさえぎられて地表に届きません。

肌の色のちがい　メラニンの量は、大昔の祖先たちがくらしてきた地方の日差しの強さによって、長い時間をかけて変わってきました。日差しの強い地方ほど、紫外線から身を守るためにメラニンが増え、肌の色がこくなりました。

暑いときに汗をかくのはなぜ？

暑いときや運動したときなどには、汗がたくさん出ます。この汗は、何のために出るのでしょう？

1. **からだを温めるため**
2. **からだを冷やすため**
3. **からだのよぶんな水分を出すため**

暑い日はじっとしてても汗が出ちゃうね

骨・筋肉・皮ふ

クイズ14 答え ② からだを冷やすため

　汗がかわくとき、からだの熱をうばうことでからだを冷やします。体温が高くなるとからだがうまく動かなくなるので、暑さや運動で体温が上がったときは、さかんに汗を出してからだを冷やし、体温が36℃前後になるように調節しています。

汗のできるところ

　汗は、皮ふの汗腺でつくられます。汗腺にはエクリン汗腺とアポクリン汗腺の2種類があり、体温を調節する汗はエクリン汗腺から出ます。

汗

皮ふの表面

エクリン汗腺
全身の皮ふにあります。

立毛筋

アポクリン汗腺
わきの下など、一部の皮ふにだけあります。

骨・筋肉・皮ふ

いろいろな汗 辛いものを食べると額や鼻に、こうふんしたり緊張したりすると手やわきの下に汗をかきます。辛いものを食べたときの汗はエクリン汗腺、こうふんしたときの汗はエクリン汗腺とアポクリン汗腺から出ます。

こうふんして出る汗

辛いものを食べて出る汗

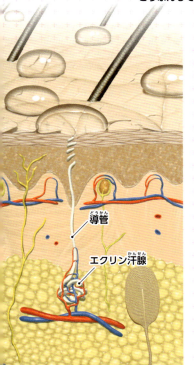

導管

エクリン汗腺

動物も汗をかくの？

動物の多くは、ヒトのように汗腺が全身にないので基本的に汗をかきません。イヌなどは、暑いときなどは舌を出してさかんに呼吸することで体温を下げます。ウマは全身に汗腺があるので、汗で体温を下げます。

舌を出して体温を下げるイヌ

45

鳥肌が立つのはなぜ？

急に寒さを感じたときや、ゾッとしたときなどに、肌がブツブツとして鳥肌が立つことがあります。それは何のためでしょう？

1. **体温を保つ**
2. **体温を下げる**
3. **体温を上げる**

近畿地方では「さぶいぼ」っていうよ

クイズ16 指もんは何のためにある?

1. すべり止め
2. 熱を感じる
3. 役に立たない

クイズ17 しわはどうしてできる?

お年寄りの顔や手などには、深いしわがきざまれています。このしわはどうしてできるのでしょうか?

1. 皮ふに傷がついて
2. 皮ふがちぢんで
3. 皮ふがたるんで

クイズ15 答え ① 体温を保つ

　鳥肌は、ヒトに毛がたくさん生えていた大昔に、寒いときに毛をさか立てて体温をにがさないようにしたなごりです。今は毛も少なくなり、皮ふのブツブツだけが目立つようになりました。

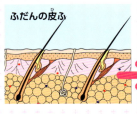

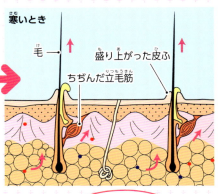

鳥肌のしくみ　立毛筋がちぢんで毛が立ち、そのまわりの皮ふもいっしょに盛り上がるのでブツブツになります。

毛をさか立てるネコ　鳥肌はこうふんしたときにもおきます。ネコが怒ると、毛をさか立てるのと同じ反応です。

同時に皮ふの血管もちぢみ、皮ふ表面から熱がにげないようにもしているよ

骨・筋肉・皮ふ

クイズ16 答え ① すべり止め

手足の指もんは、ものをもったり、はだしで歩いたりするときのすべり止めになります。同じ指もんをもつ人はいないので、犯罪捜査に利用されますが、なぜ指もんにちがいがあるのかは分かっていません。

おもな指もんの形 指もんの形は、うずまき形、ひづめ形、弓形に大きく分けられます。日本人の約半分はうずまき形、約4割はひづめ形、約1割は弓形といわれています。

うずまき形　　ひづめ形　　弓形

クイズ17 答え ③ 皮ふがたるんで

年を取ったり、紫外線にあたりすぎたりすると、皮ふの中のコラーゲンやエラスチンというたんぱく質が減って、皮ふがたるみます。たるんだ皮ふがもどらず、みぞになった部分が深いしわになります。

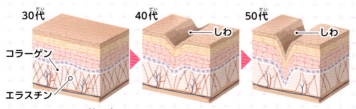

しわのできかた 年を取るにつれてコラーゲンやエラスチンがへっていき、しわが深くなっていきます。（エラスチンは、ゴムのようなたんぱく質です。）

クイズ18 からだの中にある血管の長さは?

血管はヒトのからだじゅうにはりめぐらされています。この血管をすべて合わせると、どれぐらいの長さになるでしょうか?

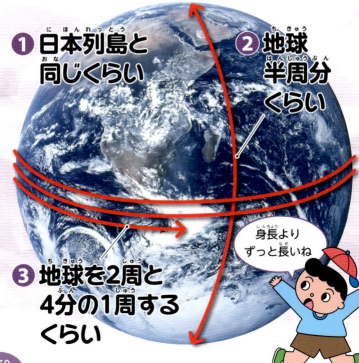

❶ 日本列島と同じくらい

❷ 地球半周分くらい

❸ 地球を2周と4分の1周するくらい

身長よりずっと長いね

からだの中

クイズ 19 血液を赤くしているものは？

けがをすると傷口から赤い血が流れます。ヒトの血液が赤いのは、何が入っているからでしょうか？

1. アントシアニン
2. ヘモシアニン
3. ヘモグロビン

クイズ 20 静脈の血の色は？

心臓から全身に血を送る血管を動脈、からだから心臓にもどる血が流れる血管を静脈といいます。静脈を流れる血は、どんな色をしているでしょうか？

1. あざやかな青
2. 暗い赤
3. あざやかな赤

浮き出た静脈　皮ふの表面近くにある静脈は、青や緑色にすけて見えます。

クイズ18 答え ③ 地球を2周と4分の1周するくらいの長さ

心臓から出た血は、血管を通ってからだのすみずみに運ばれ、また心臓にもどってきます。からだ全体の血管の長さは、細い毛細血管まで合わせると約10万km、地球を2周と4分の1周するくらいだといわれます。

全身をめぐる血管

おもな血管を、動脈は赤、静脈は青で表しています。

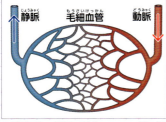

毛細血管 動脈は枝分かれして細い毛細血管になり、また集まって静脈になります。

大動脈弓 心臓から出る大動脈の一部。

頭の血管

心臓

手の血管

上大静脈 上半身の血液が集まる静脈。

下大静脈 下半身の血液が集まる静脈。

足の血管

からだの中

クイズ19 答え ③ ヘモグロビン

血液は、液体の血しょうと数種類の血球でできています。血球の多くをしめる赤血球には、ヘモグロビンという鉄をふくんだ赤いたんぱく質がたくさん入っています。それで血液が赤く見えるのです。

赤血球

下行大動脈 大動脈弓に続く大動脈の一部で、腹や両足の動脈に分かれます。

クイズ20 答え ② 暗い赤

赤血球は、全身の細胞に酸素を運んでいます。赤血球の中のヘモグロビンは、酸素と結びつくとあざやかな赤に、酸素をはなすと暗い赤になります。静脈には、細胞に酸素をわたした後の血液が流れているので、血液の色は暗い赤になります。

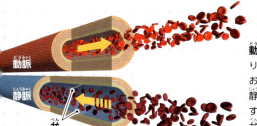

動脈

静脈

弁

動脈と静脈 心臓から送り出される動脈血はいきおいよく、心臓にもどる静脈血はゆったり流れます。静脈には逆流を防ぐ弁があります。

クイズ21 心臓のどっくんという音は何の音?

だれかの胸に耳をあてると、どっくんという心臓の音がします。この音は心臓の何の動きの音でしょう?

① 筋肉がのびちぢみする音
② 心臓の弁が閉じる音
③ 心臓に血液が流れる音

クイズ22 では、心臓は1分間で何回どっくんとする?

心臓のどっくんとする動きを拍動といいます。ふだんの拍動の回数は、大人で1分間に何回くらいでしょう?

1. 約20回
2. 約60回
3. 約150回

走った後はどっくんという音が早くなるね

クイズ21 答え ❷ 心臓の中の弁が閉じる音

心臓は、ふくらんだりちぢんだりして、全身に血液を送り出しています。この血液が逆流しないように、心臓にはいくつかの弁がついています。この弁が閉じるときに「どっくん」という音が聞こえます。

心臓の動きと心音

心房や心室がゆるんだときに、全身や肺から血液が流れこみ、心室がちぢんだときに全身と肺に血液が送り出されます。

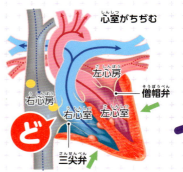

心室がちぢむ

左心房
右心房
僧帽弁
右心室
左心室
三尖弁

ど

僧帽弁と三尖弁が閉じる音が「ど」と聞こえます。

心臓の音は、2つの音からできているんだね

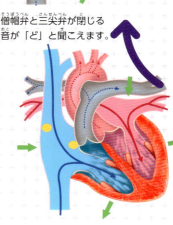

からだの中

クイズ22 答え ② 約60回

ふつう、大人で1分間に60〜80回拍動しています。拍動数は、運動やこうふんしたときなどには変わります。

小学生は1分間に約80〜90回拍動しているよ

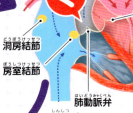

洞房結節
房室結節
肺動脈弁
心室がふくらみ、心房がちぢむ

大動脈弁
心室がふくらみはじめる

どっくん どっくんのリズムをきざむ
拍動のリズムは、心臓の中の洞房結節から房室結節へ信号が伝わって自動的にきざまれます。

どっくん どっくんの回数と寿命

1分間の拍動数は、からだが大きい動物ほど少なく、小さいほど多くなります。どんな動物も、約20億回拍動すると寿命がつきるともいわれ、拍動のリズムが速い小さな動物ほど寿命が短くなります。寿命はゾウで約60年、ネズミのなかまでは1年ほどです。

心臓が1日に送り出す血液の量は？

心臓は、毎日休まずにいつも全身に血液を送り出しています。心臓から出ていく血液の量は、1日でどれくらいになるでしょうか？

1. 約50L
2. 約600L
3. 約7000L

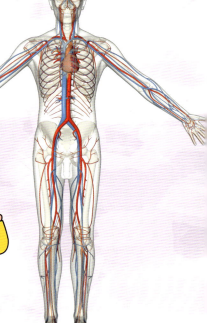

からだの中の血液量は大人で体重の13分の1くらいだよ

からだの中

クイズ24 血はどこでつくられる?

血液は、液体の血しょうと、赤血球や白血球、血小板などの血球でできています。その血球は、からだのどこでつくられているでしょう?

1. 骨の中
2. 心臓
3. 肝臓

輸血のようす けがや手術などでたくさんの血が必要なときには、輸血用の血液を入れておぎないます。

クイズ23 答え ❸ 約7000L

心臓は、1回の拍動で約70mLもの血液を送り出します。ふつう1分間に約70回拍動しているので、1分間に送り出される血液の量は約5Lになり、1日で計算すると約7000Lになります。

静かに座っているとき 約5L
歩いているとき 約7L
運動しているとき 約14L

1分間に送り出される血液
激しく動くほど拍動が増えるので、送り出される血液の量も増えます。

運動すると拍動も速くなるね

からだの中

クイズ24 答え ① 骨の中

血球は、骨の中にある骨髄でつくられます。血球にはそれぞれ寿命があり、毎日、血液全体の120分の1が新しいものに入れかわっています。

血球がつくられる骨髄 骨の中心に血球のもとになる細胞がつまっていて、赤血球や白血球などがつくられます。

骨髄

体重40kgの人は毎日約25mLの血液がつくられているよ

クイズ 25 血圧って何?

健康しんだんなどで血圧をはかることがあります。この血圧とは何でしょうか?

1. **血液の量**
2. **血管の太さ**
3. **血液が血管をおす力**

血圧は高すぎても低すぎてもよくないよ

低血圧 血圧が低いとめまいや立ちくらみをおこしやすくなります。

クイズ25 答え ③ 血液が血管をおす力

血圧は、心臓から動脈へ送り出された血液が、血管を内側からおす力のことです。心臓を出ると、血圧は動脈のかなり先までほぼ同じですが、指先などでは血圧は低くなります。また、血圧は1日の中でよく変わり、運動や食事をしたり、おふろに入ったりしても上がります。

最高血圧と最低血圧

心臓がちぢんで、血液をもっとも強くおし出すときの血圧を最高血圧、心臓がゆるんで血液が心臓にもどってくるときの血圧を最低血圧といいます。

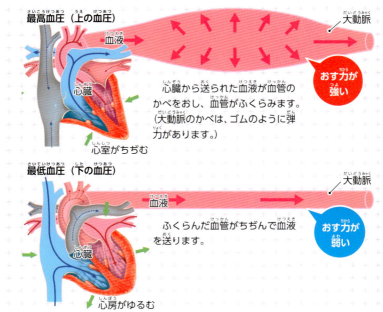

最高血圧（上の血圧）
血液
大動脈
心臓
心室がちぢむ
心臓から送られた血液が血管のかべをおし、血管がふくらみます。（大動脈のかべは、ゴムのように弾力があります。）
おす力が強い

最低血圧（下の血圧）
大動脈
血液
心臓
心房がゆるむ
ふくらんだ血管がちぢんで血液を送ります。
おす力が弱い

からだの中

血圧が高くなるわけ

コレステロールという脂肪が増えると、血管の内側にたまります。血管がせまく、かたくなって、血圧が高くなります。

そこに血栓（血液のかたまり）がつまり、血管を完全にふさいでしまうこともあります。

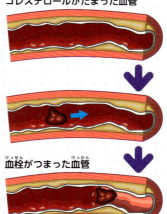

コレステロールがたまった血管

血栓がつまった血管

高血圧は何がいけないの？

最高血圧や最低血圧の値が、基準より高いことを高血圧といいます。放っておくと、腎臓や心臓、脳などの病気を引き起こすので、運動や食事に気をつけて、早めに治す必要があります。大人の病気と思われがちですが、子どもでもなることがあります。

運動不足
肥満
塩分
ストレス
寝不足

高血圧の原因 運動不足や塩分のとりすぎ、ストレス、また、ほかの病気や薬などで起こるといわれています。

血圧が高い人ほど脳などの病気にかかりやすいよ

クイズ26 ヒトが一生で呼吸する回数は?

わたしたちは、生きているうちに何回くらい息を吸ったりはいたりするでしょう?

① 約5000万回
② 約7億回
③ 約1兆回

みんな自然に呼吸をしているよね

からだの中

クイズ27 はいた息の中で、吸ったときよりも増えている成分は？

ヒトが空気を吸ってはいたときに、空気にふくまれる成分で増えているものがあります。それは何でしょうか？

① 酸素　② 窒素　③ 二酸化炭素

クイズ26 答え ② 約7億回

大人は、ふつう1分間に16〜20回呼吸します。からだが小さいほど1分間の呼吸の回数が多く、生まれたばかりの赤ちゃんは35〜50回、小学生で20〜25回です。ヒトが約80年生きるとすると、計算上約7億回も呼吸することになります。

息の通り道 吸った空気は気管を通って気管支から肺に入ります。細かく枝分かれした気管支の先に、ふくろのような肺胞があります。

肋骨の間の筋肉や横隔膜などを使って肺をふくらませたりちぢませたりするよ

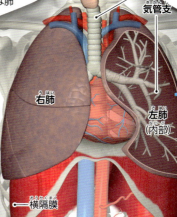

気管
気管支
右肺
左肺（内部）
横隔膜

からだの中

クイズ27 答え ③ 二酸化炭素

　肺の中の肺胞では、吸った息（吸気）の中の酸素が血液に取りこまれます。反対にからだの中でできた二酸化炭素を血液から受け取り、はく息（呼気）として外に出します。そのため、はく息は、吸う息よりも酸素が減って二酸化炭素が増えています。

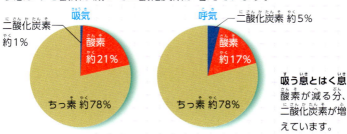

吸う息とはく息 酸素が減る分、二酸化炭素が増えています。

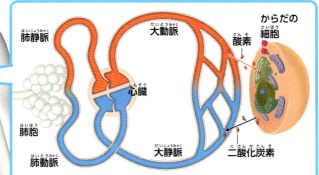

酸素を使ってエネルギーをつくる　肺で酸素を受けとった血液は、細胞に酸素をわたし、二酸化炭素を受け取ります。細胞では、酸素と栄養を使ってからだを動かすエネルギーをつくります。

肺動脈には静脈血が流れるので青、肺静脈には動脈血が流れるので赤で表しています。

クイズ28 しゃっくりが出る原因は?

食べすぎたり、のどに食べ物がつまったりすると、しゃっくりが出ることがあります。しゃっくりの原因になるからだの「膜」は、次のどれでしょう?

1. 横隔膜
2. 鼓膜
3. 腹膜

赤ちゃんはよくしゃっくりをするよ

からだの中

クイズ29 いびきはどうして出るの?

ねているときに、「ぐーぐー、がーがー」と大きないびきをかくことがあります。いびきの大きな音はどうして出るのでしょう？

1. 息でのどがふるえる
2. 息で鼻がふるえる
3. 息でくちびるがふるえる

クイズ28 答え ① 横隔膜

呼吸を助ける横隔膜が、何かのはずみに勝手にちぢまって肺がふくらみ、息を吸いこむとしゃっくりが出ます。食べすぎたり、熱いものや冷たいものを食べたりした刺激が、横隔膜に伝わって出ることが多いといわれています。

しゃっくりの出るしくみ

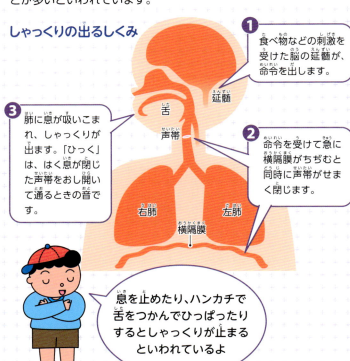

① 食べ物などの刺激を受けた脳の延髄が、命令を出します。

② 命令を受けて急に横隔膜がちぢむと同時に声帯がせまく閉じます。

③ 肺に息が吸いこまれ、しゃっくりが出ます。「ひっく」は、はく息が閉じた声帯をおし開いて通るときの音です。

息を止めたり、ハンカチで舌をつかんでひっぱったりするとしゃっくりが止まるといわれているよ

からだの中

クイズ29 答え ① 息でのどがふるえる

ねているときに、意識がなくなって筋肉がゆるむと、息が通るのどの奥がせまくなります。そのとき、息を吸ったりはいたりすると、口の天井の奥のやわらかい部分（軟口蓋）や、のどがふるえて音が出ます。

いびきの出るしくみ

のどの奥の空間がせまくなって、空気が通りにくくなると、いびきが出ます。ひどいと息ができなくなる人もいます。

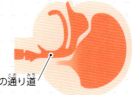

息の通り道

↑ふつうにねているとき
息の通り道が開いていて、いびきの音はしません。

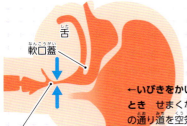

舌
軟口蓋
息の通り道がせまい

←いびきをかいているとき せまくなった息の通り道を空気が出入りするときに、のどがふるえて音が出ます。

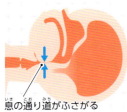

息の通り道がふさがる

←息ができないとき
息の通り道が完全にふさがると、いびきは出ませんが呼吸もできなくなって危険です。

横向きでねるといびきが出にくくなることもあるよ

男性の声が女性より低いのは何のちがい？

ふつう、大人の男性は女性より声が低くなります。声の高さは、男女で何がちがうからでしょう？

1. 口の大きさ
2. 声帯の厚さ
3. 背の高さ

中学生くらいになると男女の声の高さがはっきりちがってくるよ

クイズ31 おしっこは何からできる?

あまり飲み物を飲まないでいても、おしっこは出ます。
おしっこは、いったい何からできるのでしょう?

1. リンパ液
2. 血液
3. 汗

クイズ30 答え ② 声帯の厚さ

声の高さは、のどにある声門が長く、声帯ひだが厚いほど低くなります。

声が出るしくみ
肺から出た空気が声帯ひだの間の閉じた声門をおし開いて通るとき、声帯がふるえて声になります。

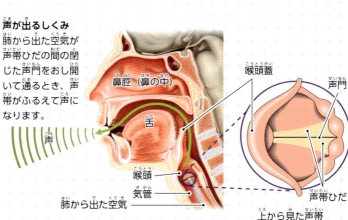

男女の声帯のちがい 声門が長いほど、声帯ひだのふるえる回数が少なく、声が低くなります。

男の子は成長するとのどぼとけが出てくるよ

クイズ31 答え ② 血液

腎臓には、からだ中をまわってきたごみなどをふくむ血液が集まります。腎臓は、その血液から老はい物やよけいな水分をこしとっておしっこをつくり、必要なものはからだにもどしています。

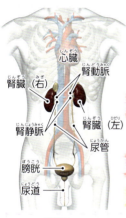

おしっこができるまで 腎臓では血液をこしておしっこをつくり、血液をきれいにしています。

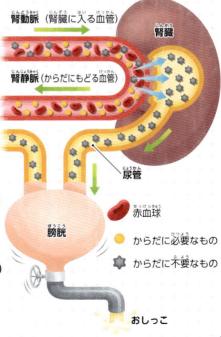

できたおしっこは尿管を通って膀胱にたまるよ

クイズ32 1日のおしっこの量はどれくらい？

みなさんも1日に何度もおしっこをしますね。では、1日に出るおしっこを全部合わせると、どれくらいの量になるでしょう？

① 200～500mL
② 1～2L
③ 3～5L

おしっこを がまんしすぎると からだによくないよ

からだの中

クイズ33 おしっこの量が多い季節は？

おしっこは、1年中毎日出ます。1日に出るおしっこの量が多い季節はいつでしょう？

1. 春
2. 夏
3. 秋
4. 冬

クイズ32 答え ② 1〜2L

腎臓は1日に150Lの血液をこして、1〜2Lのおしっこ（尿）をつくっています。おしっこがコップ1ぱい分（150mL）くらいたまると、おしっこをしたいと思うようになります。

↓**膀胱のしくみ** 膀胱は筋肉でできたふくろで、おしっこがたまるにつれてふくらみ、300〜500mLでいっぱいになります。

空のときの膀胱

膀胱は、のびちぢみするふくろのような内臓なんだね

膀胱の筋肉
空のときは厚くなっています。

尿道
おしっこの出口。

クイズ33 答え ④ 冬

からだにいらない水分は、おしっこのほかに汗になって外に出ます。暑くて汗がたくさん出る夏はおしっこの量は少なくなり、寒い冬はあまり汗をかかなくなるので、おしっこの量が多くなります。

からだの中

おしっこがたまった膀胱（ぼうこう）

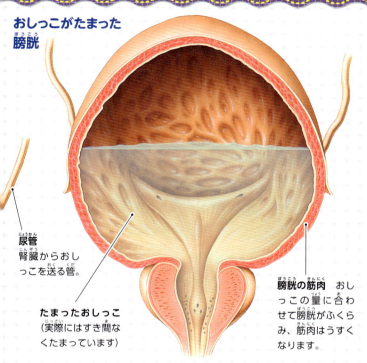

尿管（にょうかん）
腎臓（じんぞう）からおしっこを送る管（くだ）。

たまったおしっこ
（実際（じっさい）にはすき間（ま）なくたまっています）

膀胱（ぼうこう）の筋肉（きんにく） おしっこの量（りょう）に合（あ）わせて膀胱がふくらみ、筋肉はうすくなります。

おしっこのひみつ

←色（いろ）のひみつ
黄色（きいろ）は血液（けつえき）を分解（ぶんかい）してできた色素（しきそ）の色。水分（すいぶん）が多（おお）いおしっこは色（いろ）がうすいです。

←においのひみつ
出（で）たおしっこに空気中（くうきちゅう）の細菌（さいきん）がつくと、アンモニアができてだんだんくさくなります。

血液中のブドウ糖をためている内臓は？

食べた物の糖分は、血液中のブドウ糖になり、からだを動かすエネルギーとして働きます。たくさんブドウ糖をとったとき、どの内臓にためておくでしょうか？

❶ 肝臓
❷ 胃
❸ 腎臓

ブドウ糖はごはんやパンにもたくさん入ってるよ

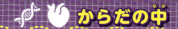

クイズ35 切り取っても元通りになる内臓は?

内臓の中で1つだけ、半分くらい切り取っても元の大きさにもどるものがあります。それは次のどれでしょう？

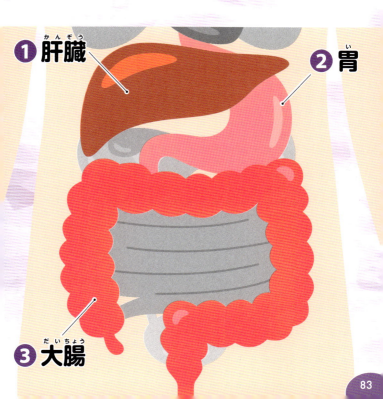

① 肝臓
② 胃
③ 大腸

クイズ34 答え ① 肝臓

肝臓には、腸で吸収した栄養や水が血管を通じて集まり、ブドウ糖やビタミンなどの栄養がたくわえられます。たくわえた栄養は、からだが必要なときに血液へ送り出されます。

肝臓のおもな働き

肝臓は2500億もの細胞からできていて、数百もの大切な働きをしています。おもな働きを見てみましょう。

ブドウ糖をたくわえる
細胞が使うブドウ糖同士をくっつけ、グリコーゲンにしてたくわえます。

ビタミンをたくわえる いろいろなビタミンをたくわえて、必要なときに血液に出します。

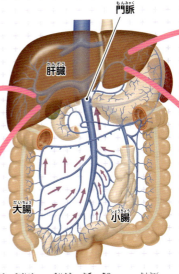

腸で吸収した栄養と水を集める 門脈という血管で大腸や小腸から肝臓に運ばれます。

クイズ35答え ①肝臓

　肝臓は元にもどる力が強く、3分の1を切りとっても2週間ほどで元にもどるといわれています。ヒトの体で最大の内臓で、重さは体重の約50分の1もあります。

胆汁をつくる　古い赤血球などをもとに、消化液の1つである胆汁をつくります。

毒を消す　血液中のアルコールやアンモニアなど、からだに毒になるものを毒にならないものに変えます。

プロメテウスと肝臓

　ギリシャ神話で、プロメテウスという神は、天上の火を人類に与えたため、岩山につながれ、毎日オオワシに肝臓をついばまれる罰を受けました。この神話から、昔の人も肝臓が元にもどる力が強いことを知っていたのではないかと考えられています。

クイズ36 家族と顔が似ることがあるのは同じ何をもっているから?

祖父母や両親、兄弟姉妹は顔やからだの特ちょうが似ることがあります。似た特ちょうは、家族がもつ同じ何によるものでしょう?

① 同じ夢
② 同じ血液型
③ 同じ遺伝子

③ 同じ遺伝子

　わたしたちのからだの形や性質を決めるのが、遺伝子です。遺伝子は、からだをつくる細胞１つ１つの核の中にあります。この遺伝子は、親から子へ、さらに子から孫へと受けつがれていくため、家族の顔やからだつきなどが似ていることがあります。

遺伝子はヒトの設計図　細胞の核の中には、46本のDNAのひもが入っています。DNAをつくる塩基の並びがからだをつくるたんぱく質の設計図になります。

細胞

染色体　DNAのひもがたたまれたもの。細胞が分裂するときにあらわれます。

からだの中

設計図として働くのは
DNAのごく一部、
約1.5％なんだって

DNA 遺伝子の本体で、デオキシリボ核酸といいます。

塩基 DNAの二重らせんの間を、はしごのようにつなぐ化学物質です。

クイズ37 おなかの中の赤ちゃんは母親と何でつながっている?

おなかの中の赤ちゃんは、母親から栄養をもらって育ちます。赤ちゃんと母親は何でつながっているでしょうか?

1. 命づな
2. 背骨
3. 胎盤

クイズ38 おなかの中の赤ちゃんがしないことは?

わたしたちは、毎日、呼吸もおしっこもうんちもしています。でも、おなかの中の赤ちゃんがしていないことが1つだけあります。それは何でしょう?

1. 肺呼吸
2. おしっこ
3. うんち

クイズ39 母親のお乳は何からできる?

歯の生えていない赤ちゃんの食事となるのがお乳です。母親の胸から出るお乳は、何からできるでしょう?

1. リンパ液
2. 血液
3. 汗

クイズ37 答え ③ 胎盤

赤ちゃんは母親の子宮の中で大きくなります。赤ちゃんと母親は、子宮の内側にはりつく胎盤からのびた、へそのおでつながっています。赤ちゃんは胎盤を通して母親から栄養などをもらい、老はい物などいらないものを母親にもどしています。

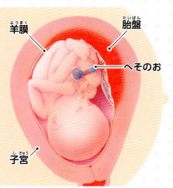

羊膜 / 胎盤 / へそのお / 子宮

←おなかの中の赤ちゃん
羊水という液体が入った羊膜につつまれています。

おなかの中で育つ赤ちゃん

クイズ38 答え ① 肺呼吸

おなかの中の赤ちゃんは、肺では呼吸をしていません。胎盤を通して母親から酸素を取りこみ、いらなくなった二酸化炭素をもどします。また、羊水を肺に入れたりして、肺呼吸の練習もしています。

↑1週目　受精卵が子宮の内側にくっつきます。

→5週目　血管や心臓が働きはじめています。

クイズ39 答え ② 血液

　母親の乳房から出るお乳を母乳といいます。乳房の中にある乳腺にたくさんの血液が流れ、毛細血管で、血液から栄養が取りこまれて母乳がつくられます。

↑ **26週目**　いつうまれてもよいように準備が整います。

↑ **20週目**　からだを動かしはじめます。

↑ **10週目**　男か女かがわかるようになります。

クイズ40 味を感じるのに特に重要なのは？

1. 鼻と耳
2. 耳と舌
3. 舌と鼻

からだと食べ物

食べたときにおいしく感じるために、特に重要なからだの部分が2つあります。それはどれでしょう？

クイズ40 答え ③ 舌と鼻

味を感じるのに特に重要な2つの器官は、味を感じる舌と、においを感じる鼻です。鼻をつまんだり、かぜをひいて鼻がつまっていたりすると、においを感じなくなり、味が分かりにくくなります。

鼻の重要な役割 においで食べられるかどうかを判断します。くさった食べ物は、いやなにおいがします。

舌の重要な役割 食べ物を口の中で動かして歯でかみやすいようにしたり、だ液とまぜ合わせたりします。

からだと食べ物

5つの基本味

甘味、塩味、酸味、苦味、うま味の5つの味を基本味といい、舌で感じることができます。

甘味／塩味／酸味／苦味／うま味

味を決める条件

おいしさの感じ方は人によってちがいますが、見た目や食べるときのふんいきなども、味に大きく関わってきます。

におい いいにおいは、食欲をさそいます。

見た目 おいしそうな形や色は味に影響します。

舌ざわりなど 舌ざわりや歯ごたえなども、味を引き立てます。

温度 おいしく感じる温度は、食べ物によってちがいます。

ふんいき 食べるときのまわりのふんいきも味に関係します。

クイズ41 むし歯の原因となる細菌は何を出す?

むし歯は、口の中の細菌があるものを出すことでおこります。出すものとは次のどれでしょう?

① 酸　② 石灰　③ カルシウム

クイズ42 むし歯の原因のプラークって何?

歯についた白くてぬるぬるしたものをプラーク(歯垢)といい、むし歯や歯周病の原因になります。このプラークの正体は何でしょう?

① 歯のけずりかす
② 細菌のかたまり
③ 歯みがき粉のかす

からだと食べ物

クイズ43 すっぱいものを見ると、つばが出るのはなぜ？

レモンや梅干しなど、すっぱいものを見たり考えたりしただけでも、自然につば（だ液）が出てきます。それはなぜでしょう？

1. 体温を下げるため
2. 口の中を温めるため
3. 食べる準備のため

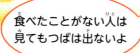

食べたことがない人は見てもつばは出ないよ

クイズ41 答え ① 酸

むし歯の原因となるミュータンス菌は、糖分を食べて酸を出します。この酸が歯をとかすことでむし歯になります。

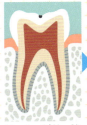

酸で歯の表面に穴があきます。

穴が深くなると、冷たいものがしみるようになります。

さらに穴が深くなると、痛みがひどくなります。

歯の根から、うみが出るようになります。

クイズ42 答え ② 細菌のかたまり

プラーク（歯垢）は、歯についた食べかすに増えた細菌のかたまりです。1mgのプラークに、むし歯菌のほかにも約300種類、1億個もの細菌がいます。

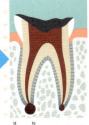

電子顕微鏡で見たプラーク

からだと食べ物

クイズ43 答え ③ 食べる準備のため

　レモンなどを食べると、すっぱいものの酸で歯がとけないように、だ液がたくさん出て酸をやわらげます。これをくりかえすと、からだがその食べ物のすっぱさを覚え、見ただけでだ液が出るようになります。そうして、すっぱいものを食べたときに歯を守れるように準備しています。

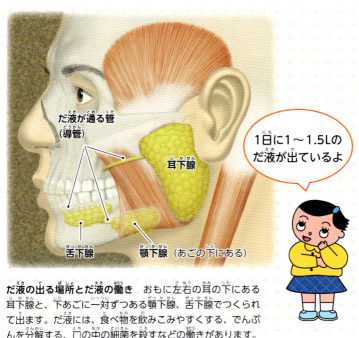

だ液が通る管（導管）

耳下腺

舌下腺

顎下腺（あごの下にある）

1日に1〜1.5Lのだ液が出ているよ

だ液の出る場所とだ液の働き　おもに左右の耳の下にある耳下腺と、下あごに一対ずつある顎下腺、舌下腺でつくられて出ます。だ液には、食べ物を飲みこみやすくする、でんぷんを分解する、口の中の細菌を殺すなどの働きがあります。

おもにからだを動かす エネルギーになる 食べ物は？

からだを動かすエネルギーになる栄養素は、炭水化物です。次のうち、炭水化物が多くふくまれる食べ物はどれでしょう？

❶ パン

❷ 豆腐

❸ キャベツ

クイズ45 エネルギー源をたくわえる働きがあるのは?

食べ物から取りこんだエネルギー源のうち、あまった分は、からだのある部分にたくわえられます。その部分とは、次のどこでしょう?

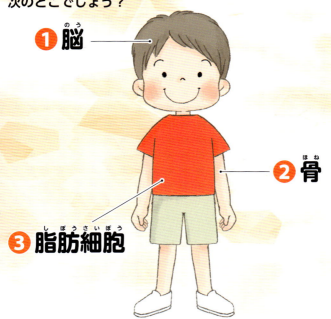

① 脳
② 骨
③ 脂肪細胞

クイズ44 答え ① パン

　炭水化物は、パンやごはん、パスタ、じゃがいもなどに多くふくまれています。炭水化物、たんぱく質、脂質を3大栄養素といい、これにビタミン、ミネラルを加えた5つの栄養素を「5大栄養素」といいます。

炭水化物　体温や力のもとになり、脳や神経にとっても欠かせないエネルギー源です。

たんぱく質　内臓や筋肉、血液などのからだをつくる材料になります。

5大栄養素

ビタミン　3大栄養素がうまく働くように手助けします。

からだと食べ物

クイズ45 答え ③ 脂肪細胞

あまったエネルギー源は、脂肪として脂肪細胞にたくわえられます。脂肪をたくわえた脂肪細胞は丸くふくらみ、皮ふの下や内臓のまわりなどに集まります。

脂質(脂肪) エネルギー源になるほか、細胞膜などの材料にもなります。

脂肪細胞 たくわえた脂肪の量によって大きさが変わります。

ミネラル からだの調整のために重要な栄養素です。

脂肪細胞は何日も食べ物がないなど、いざというときのエネルギー貯蔵庫にもなるんだね

クイズ46 口から肛門までの消化管の長さは?

消化管は、口から肛門までつながった1本の管のようになっていて、食べた物を分解して栄養を取りこんでいます。この消化管の長さは、身長の何倍くらいでしょう?

1. 身長の約3倍
2. 身長の約5倍
3. 身長の約7倍

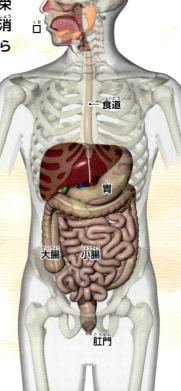

からだと食べ物

クイズ47 食べた物がうんちになって出てくるまで、何時間かかる?

食べた物は、消化吸収され、残りかすがうんちとなって出てきます。食べた物がうんちになって出るまでの時間は、次のうちどれでしょう?

1. 約8時間
2. 約24時間
3. 約43時間

クイズ46 答え ② 身長の約5倍

消化管の長さは、身長の約5〜6倍といわれています。身長170cmの人の消化管をまっすぐのばすと、約9mにもなります。

① 歯でかみくだかれた食べ物が、だ液とまざって食道から胃へ送られます。

② 胃液でたんぱく質がとかされます。

③ 胆汁とすい液でほとんどの栄養が分解されます。

食べ物／だ液／食道／肝臓／胆のう／胃／胆汁／すい液／すい臓／十二指腸

食べ物のゆくえ

食べた物は、長い消化管を通るうちに、胃液などの消化液とまざって消化されます。栄養や水分が体内に吸収された後、残りかすがうんちとなってからだの外に出ます。

←まっすぐのばした消化管

からだと食べ物

クイズ47 答え ② 約24時間

食べた物は、食べてすぐに食道から胃へ送られます。4時間後には小腸、8～12時間後には大腸に送られます。大腸で約18時間もとどまり、約24～48時間後にうんちとなって肛門から出ていきます。

食べてからうんちになるまで

食べてすぐ　　2～4時間後　　8～12時間後　　24～48時間後

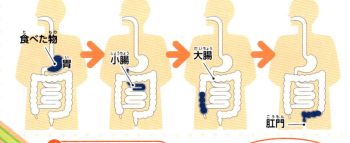

小腸 ④ 小腸でほとんどの栄養が吸収されます。

大腸 ⑤ 大腸で水分が吸収されます。

肛門 うんち ⑥ 残りかすがうんちとして肛門から出ます。

みんなは毎日うんちしてるかな？

クイズ48 食べた物は何によって食道から胃に送られる?

飲みこんだ食べ物は、食道を通って胃に送られます。これは、次のどの働きによるものでしょうか？

① 食べ物の重さ

② 筋肉の動き

③ 胃の吸いこむ力

からだと食べ物

胃が食べ物をかきまぜたりする動きを何という？

胃は、規則的な動きで食べ物をこねまわして消化を進めます。この動きを何というでしょう？

1. へんどう
2. ぼうどう
3. ぜんどう

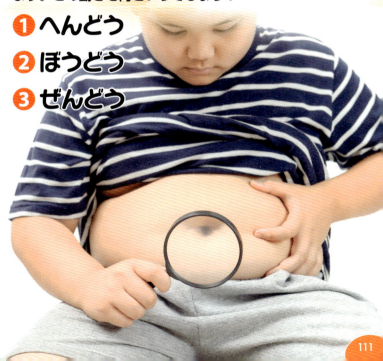

クイズ48 答え ② 筋肉の動き

　食道のかべの筋肉が、規則的にのびちぢみする動きで食べ物を胃へ送ります。食道の内側には粘液が出ているので、なめらかに送ることができます。

食道の動き　食べ物にふれる周辺の筋肉が、のびたりちぢんだりしながら、食べ物を運びます。

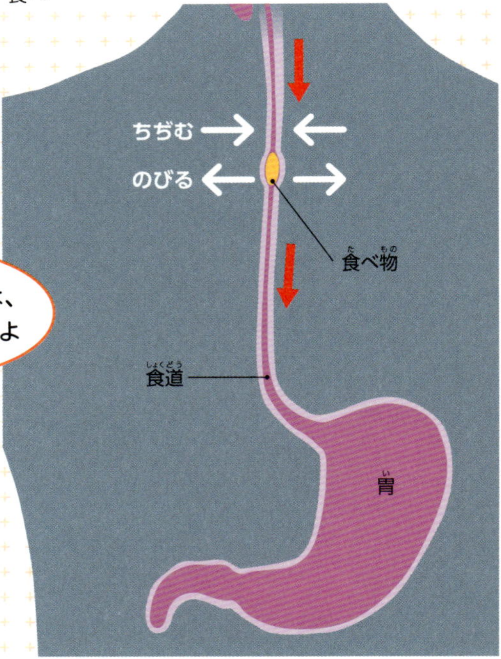

ちぢむ →　←
のびる ←　→

食べ物

この食道の動きは、胃の動きと同じだよ

食道

胃

クイズ49 答え ③ ぜんどう

胃は筋肉でできたふくろのような内臓で、のびちぢみして食べた物をいったんたくわえます。ぜんどうという規則的な動きで、食べ物を胃液とよくかきまぜながら消化します。

胃の動き

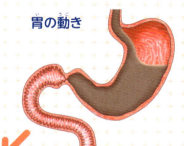

食べ物が入ると、胃は広がって大きくなります。

胃液が出て、一部がちぢむぜんどうが始まります。

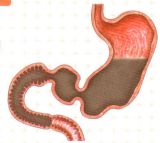

満腹のときの胃は自分のくつと同じくらいの大きさだよ

どろどろになった食べ物は、十二指腸へ送られます。

おなかが空くと鳴るおなかの音は何の音？

1. 胃の中の空気などが腸におし出される音
2. 胃液が出る音
3. 腹の虫の鳴き声

食べたときに、げっぷが出るのはなぜ？

1. 胃の中の空気が食べ物におし出されるから
2. 食べ物といっしょに空気を飲みこむから
3. 食べ物からたくさん空気が出るから

クイズ52 消化管の中でいちばん長いのは？

口からはじまり、食道、胃、小腸、大腸、肛門へとつながる消化管の中で、いちばん長い部分は次のどれでしょう？

1. **食道**
2. **小腸**
3. **大腸**

消化管全体の長さは約9mだったね

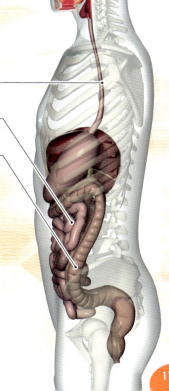

クイズ50 答え ① 胃の中の空気などが腸におし出される音

食べた物が消化されて胃が空になると、残った食べかすなどをきれいにするため、胃が強くちぢみます。このとき、胃の中に入っていた空気や食べかすなどが腸へおし出されて、「ぐ～っ」という音が鳴ります。

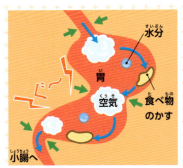

クイズ51 答え ② 食べ物といっしょに空気を飲みこむから

げっぷは、食べ物といっしょに飲みこんだ空気が、胃から逆流して口から出たものです。胃に入った空気が腸に移動して、腸内のガスといっしょにおしりから出ると、おならになります。

炭酸飲料を飲むと胃の中で炭酸ガスが出て、げっぷが出るのね

からだと食べ物

クイズ52 答え ② 小腸（しょうちょう）

小腸の長さは約7mで、消化管全体の約8割をしめます。小腸は消化吸収の中心で、内側のかべにびっしり並んだ細かいひだの表面から多くの栄養を取りこみます。

↓小腸のつくり 小腸は3つに分けられ、胃とつながる部分を「十二指腸」、十二指腸をのぞく前半5分の2を「空腸」、後半5分の3を「回腸」といいます。

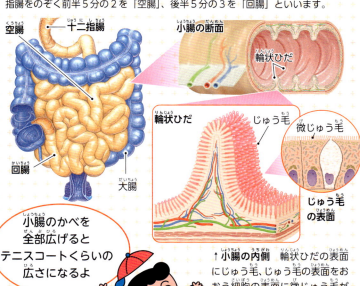

小腸のかべを全部広げるとテニスコートくらいの広さになるよ

↑小腸の内側 輪状ひだの表面にじゅう毛、じゅう毛の表面をおおう細胞の表面に微じゅう毛が並んでいます。こうすることで内側の表面積が広くなり、栄養を吸収しやすくなります。

クイズ53 うんちはどうして茶色いの？

食べた物の色はいろいろあるのに、うんちの色はなぜ茶色いのでしょう？

❶ 腸の中で食べ物がくさったから

❷ 茶色い食べ物を食べたから

❸ 腸のとちゅうで色がつくから

からだと食べ物

クイズ54 おならのくさいにおいのもとは?

おならは、くさいときと、くさくないときがあります。くさいにおいのもとは、次のどれでしょう?

1. 胃液
2. 食べた物のかす
3. 飲みこんだ空気

おならをがまんすると、息がくさくなることがあるよ

クイズ53 答え ③ 腸のとちゅうで色がつくから

　うんちの色のもとは、胆汁にふくまれるビリルビンという色素です。もともとのビリルビンは黄色ですが、腸の中を進むうちに茶色に変わり、うんちを茶色くします。

うんちができるまで

　大腸に入った食べ物のかすは、次第に水分が吸収されてうんちになります。胆汁の中のビリルビンは、大腸にいる細菌によって黄色から茶色の色素に変わり、うんちを茶色にします。

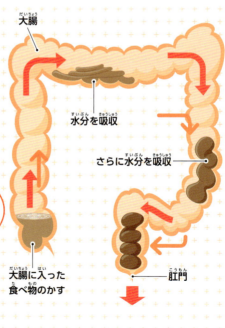

大腸

水分を吸収

さらに水分を吸収

大腸に入った食べ物のかす

肛門

腸に細菌が少ない赤ちゃんのうんちは緑色になるよ

からだと食べ物

クイズ54 答え ② 食べた物のかす

おならのガスのほとんどは、食べたときなどに飲みこんだ空気ですが、これににおいはありません。食べた物のかすが腸内で消化されるときに出るガスが、くさいにおいのもとになります。

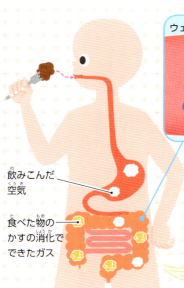

ウェルシュ菌など
食べ物のかす
消化でできたガス

飲みこんだ空気

食べた物のかすの消化でできたガス

おならのできかた 腸にすむウェルシュ菌などが食べかすを分解するときに、くさいガスが出ます。このガスが少しでもまざると、くさいおならになります。

肉やあぶらっこいものを食べすぎるとおならがくさくなるよ

クイズ55 大腸の中に細菌はどれくらいいる？

大腸の中には、大腸菌やビフィズス菌、ウェルシュ菌などの細菌がすんでいます。その数はどのくらいでしょう？

① 500万〜1000万個
② 500億〜1000億個
③ 500兆〜1000兆個

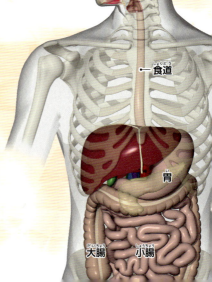

食道
胃
大腸
小腸

ビフィズス菌はヨーグルトに入ってるね

クイズ56 健康的なうんちの形は?

① ふわふわの雲のような形

② バナナのような形

③ 小さいチョコボールのような形

クイズ57 うんちの中身で一番多いものは?

① 水分
② 食べ物のかす
③ 腸内の細菌

③ 500兆〜1000兆個

大腸の中には、500〜1000種の細菌が500兆〜1000兆個もすんでいます。その細菌の中には、健康を支えるビフィズス菌などもいれば、ウェルシュ菌のように健康を害するものもいます。

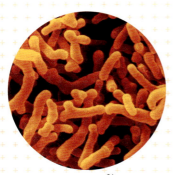

ビフィズス菌

ウェルシュ菌

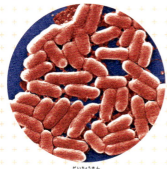

大腸菌

腸内の細菌を合わせると1.5kgにもなるよ

からだと食べ物

クイズ56 答え ② バナナのような形

うんちの形や色、かたさは、食べた物やからだの調子などによって変わります。バナナのような形が健康なうんちとされています。

うんちのかたさと健康

自分のうんちをチェックしてみよう

クイズ57 答え ① 水分

うんちの70〜80％は水分です。10〜20％が食べた物のかすや、胃や腸の細胞がはがれたもの、残りの10％が腸内にすんでいた細菌です。なんと、うんちの水分をのぞくと、半分近くが細菌なのです。

うんちの中身の割合

水分 70〜80％
食べかす・腸の細胞 10〜20％
腸内の細菌 10％

明るいところは、目の黒い部分はどうなる？

目の色がついているところを虹彩といいます。虹彩の中心の黒い部分を瞳孔やひとみといい、暗いところと明るいところで大きさが変わります。明るいところではどうなるでしょう？

瞳孔（ひとみ）

① 小さくなる
② 大きくなる
③ たてにのびる

クイズ59 目で光を集める働きをするのは？

ものが見えるのは、まわりにあるものにはね返った光が目に入るからです。このとき、光を集める働きをする目の部分は、次のどれでしょう？

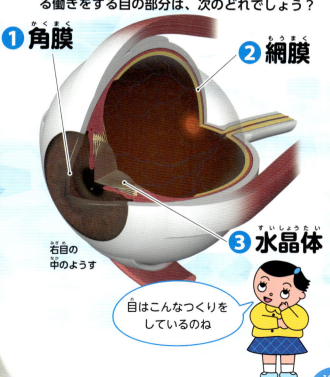

1. 角膜
2. 網膜
3. 水晶体

右目の中のようす

目はこんなつくりをしているのね

クイズ58 答え ① 小さくなる

　明るいところでは、黒い瞳孔は小さくなります。瞳孔のまわりの虹彩の筋肉がのびちぢみすることで、瞳孔の大きさを変え、目に入る光の量を調節します。

まわりが明るいとき

まわりが暗いとき

瞳孔の大きさは、明るいところでは小さく、暗いところでは大きくなります。

動物のひとみ

　ネコやワニなどは、暗いところではひとみ（瞳孔）が丸く、明るいところでは、縦長になります。ヤギやウマなどは横長になります。

↑ネコ

↑ヤギ

感じること・脳の働き

クイズ59 答え ③ 水晶体

瞳孔から入った光が水晶体で集められ、網膜にうつると、ものを見たと感じます。水晶体は、凸レンズのような形をしていて、網膜に光が集まるように毛様体の筋肉を自動的にのびちぢみさせます。近くを見るときは厚く、遠くを見るときはうすくなります。

毛様体 中の筋肉がちぢむと、水晶体が厚くなります。

網膜 視細胞が並び、ここにうつった像が脳に伝わります。

水晶体 透明な組織で、弾力があります。レンズとして働きます。

虹彩 瞳孔の大きさを変える筋肉があります。

目の神経 網膜の視細胞の情報を集める神経細胞の束です。

瞳孔（ひとみ） 入る光の量を調節します。

クイズ60 ヒトの目が顔の前に並ぶのは、なぜ？

ウサギやウマなどとちがって、わたしたちの目は、顔の前で左右に並んでいます。なぜでしょうか？

① 遠くのものを見るため
② ものを立体的に見るため
③ 色をあざやかに見るため

感じること・脳の働き

両目のときと
片目のときで
見え方はどうちがうかな？

クイズ60 答え ② ものを立体的に見るため

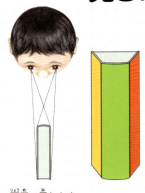

両目で見たとき

同じものを見ても、右目ではものの右側が、左目では左側が見え、左右の目で見え方は少しずつちがいます。

脳は左右の目の見え方のちがいから奥行を感じるため、両目で見ることで、ものを立体的に見ることができます。

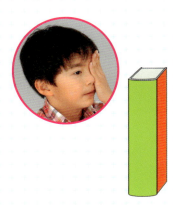

右目だけで見たとき

左目だけで見たとき

感じること・脳の働き

見えるはんい

ヒトやネコなどの肉食動物は両目で見えるはんいが広く、えものとの距離がよく分かります。

一方で、ウマなどの草食動物は、両目で見えるはんいはせまいですが、目が顔の側面についているので、一度に広いはんいを見られます。

ヒト

右目　左目
両目（立体視）

ネコ

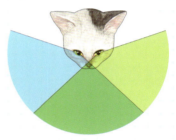

ウマ

アヒル

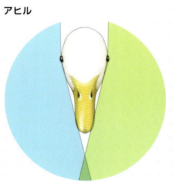

音を聞くときに耳でふるえる「膜」は?

音は空気がふるえて、わたしたちの耳に届きます。このとき、耳でふるえる「膜」は次のどれでしょう?

1. 鼓膜
2. 強膜
3. 腹膜

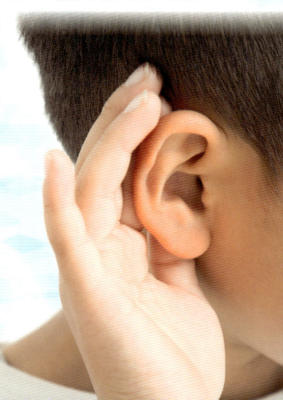

感じること・脳の働き

クイズ62 飛行機の中などで耳が痛くなったのを治すには?

飛行機にのって、上空に上がって行くときや、空港へ降りるときなどに、耳がキーンと痛くなることがあります。この痛みを早く治すにはどうすればよいでしょう?

1. 水を飲む
2. 背のびをする
3. 深呼吸をする

クイズ61 答え ① 鼓膜

音は、耳の中の外耳道を通って鼓膜をふるわせます。このふるえが、鼓膜の奥の３つの小さな耳小骨から蝸牛に入り、信号となって、神経を経て脳に伝わることで、ヒトは音を聞いたと感じます。

耳のつくり

耳は大きく外耳、中耳、内耳の３つの部分に分かれています。

蝸牛はカタツムリみたいな形だね

耳が左右にあるわけ

耳が頭の左右にあるのは、音がする方向を知るためです。ある音がしたときに、左右の耳にそれぞれちがった大きさの音が聞こえて、音がした方向が分かります。

耳介

外耳道　耳介から鼓膜までのトンネル。

音 →

耳たぶ

外耳

感じること・脳の働き

クイズ62 答え ① 水を飲む

耳が痛くなるのは、中耳の鼓室の中と外で気圧（空気がまわりのものをおす力）にちがいができ、鼓膜がおされるためです。水を飲むと、鼓室から鼻の奥につながる耳管の先が開き、鼓室の空気がぬけるため、痛みがとれます。

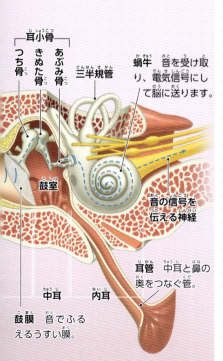

耳小骨：つち骨、きぬた骨、あぶみ骨
三半規管
蝸牛 音を受け取り、電気信号にして脳に送ります。
鼓室
音の信号を伝える神経
耳管 中耳と鼻の奥をつなぐ管。
中耳
内耳
鼓膜 音でふるえるうすい膜。

地上にいるとき

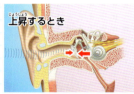
上昇するとき

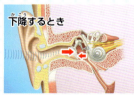
下降するとき

耳がキーンとするわけ 上昇するときは、鼓室の気圧がまわりの空気より高く、鼓膜が外におされます。降りるときは反対に鼓膜は内におされます。

クイズ63 乗り物酔いの原因となるのは？

車や電車、船などの乗り物に乗ったときに、気持ちが悪くなることがあります。この乗り物酔いの原因となるのは、耳のどの部分でしょう？

1. 三半規管
2. 鼓膜
3. 耳たぶ

車酔い 走る自動車のゆれで気持ち悪くなることがあります。

感じること・脳の働き

船酔い 船がゆれることで気持ちが悪くなります。

クイズ63 答え ① **三半規管**

　三半規管は耳の奥の内耳にあり、からだが回転する動きを感じます。三半規管から脳に伝わる情報と、目から伝わる情報がちがうと、脳が混乱して乗り物酔いになると考えられています。

からだのバランスと耳

　内耳には、骨につつまれるようにして、からだの回転方向を感じる三半規管と、頭の傾きを感じる平衡斑があります。その2種のセンサーでからだのバランスをとっています。

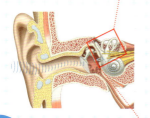

感じること・脳の働き

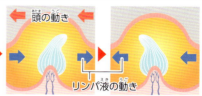

頭が動かないと、リンパ液もクプラも動きません。

頭が動くと、中のリンパ液は頭の動きと反対に動きます。

頭が止まると、液はそれまでの頭の動き方向に動きます。

回転を感じる三半規管 3つの輪が、それぞれ直角になるように配置されています。からだが動くと、中のリンパ液と根元のクプラが動いて、縦、横、首の軸の回転方向を感じます。

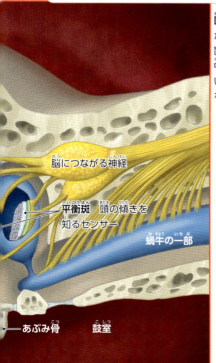

脳につながる神経

平衡斑 頭の傾きを知るセンサー

蝸牛の一部

あぶみ骨　鼓室

クイズ64 鼻のどこでにおいを感じる?

においをかぐとき、鼻から空気を吸いこみますが、鼻のどこでにおいを感じるのでしょうか?

1. 鼻の奥の上側
2. 鼻の入り口の下側
3. 鼻を左右にしきるかべ

クイズ65 舌にある味を感じる器官を何という?

食べ物や飲み物を口に入れたとき、舌のある器官で味を感じています。その器官を何というでしょう?

1. げんざい
2. かこ
3. みらい

感じること・脳の働き

クイズ66 あくびが出るのは何のため?

したいと思わなくても、あくびが出ることがあります。あくびは何のために出るのでしょう?

1. 緊張をほぐすため
2. 脳を活発にするため
3. 気分を落ち着けるため

クイズ67 あくびが出ると涙が出るのはなぜ?

大きく口を開けてあくびをすると、涙がこぼれ落ちることがあります。この涙はどうして出るのでしょう?

1. 脳に涙を出す信号が送られるから
2. 涙をためるところがおされるから
3. 悲しくなるから

クイズ64 答え ① 鼻の奥の上側

においを感じる嗅細胞（嗅神経細胞）は、鼻の奥の上側にあります。空気といっしょに入ってきたにおいの物質をとらえて、脳に伝えます。

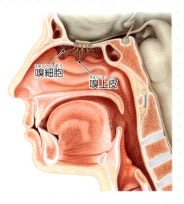

嗅細胞が並ぶ嗅上皮 嗅上皮には嗅細胞が広がり、嗅上皮で受けたにおいの情報を脳に送ります。

クイズ65 答え ③ みらい

味を感じるセンサーをみらい（味蕾）といいます。味蕾は口の中の表面やのどの近くにもちらばっていますが、舌の根元に近い後ろ半分の左右にならぶ有郭乳頭や両脇の葉状乳頭のひだの底にたくさん集まっています。舌の乳頭とは、舌の表面にあるぶつぶつです。

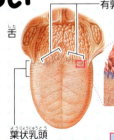

味蕾のしくみ 味蕾の先で、味の物質を感じ、味蕾の根元の神経から脳に伝わります。

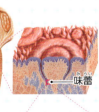

クイズ66 答え ② 脳を活発にするため

あくびが出ることが多いのは、ねむいのにがまんしておきていなければならないようなときです。

あくびで大きく口を開けると、あごの咬筋（かむための筋肉）から、脳へ刺激の信号が伝わり、脳は一時的にすっきりします。

ねむくなってから、あくびが出るまでの流れは脳の命令で自動的におきます。

クイズ67 答え ② 涙をためるところがおされるから

涙は、目じりの上にある涙腺からつねに出て、鼻と目の間にある「涙のう」にたまっています。

ふつうはそのまま鼻涙管から鼻へ流れますが、あくびをすると顔の筋肉が動いて涙のうがおされ、たまっていた涙が目から出てしまうのです。

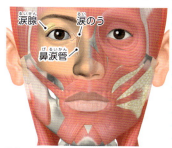

涙の出るところと顔の筋肉 口を大きく開けると、目のまわりの筋肉も動いて涙のうをおします。

ねむけをうながす働きをするものは？

夜になると、脳からねむけをうながす物質が出ます。それは次のどれでしょう？

① セロトニン
② メラトニン
③ メラニン

感じること・脳の働き

クイズ69 夢を見ているときのねむりを何という?

わたしたちは、あさいねむりのときに夢を見るといわれます。このねむりを何というでしょう?

1. レム睡眠
2. ノンレム睡眠
3. オネム睡眠

② メラトニン

夜になると、脳からメラトニンがたくさん出て自然にねむくなります。明け方になると、今度はセロトニンが出てめざめをうながします。からだの中には体内時計があり、メラトニンやセロトニンの働きで、毎日決まった生活リズムをきざんでいます。

睡眠のリズムをつくるメラトニンとセロトニン

脳から出るメラトニンの量は夜に増え、朝が近くなると減っていきます。セロトニンは夜に減り、昼は太陽の光を浴びてたくさんつくられます。

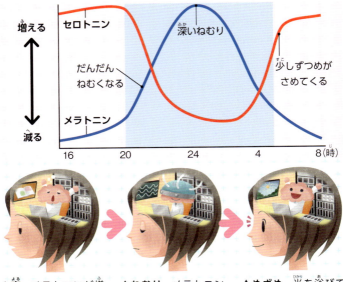

↑**夜** メラトニンが増えてねむくなります。

↑**ねむり** メラトニンがたくさん出ています。

↑**めざめ** 光を浴びてセロトニンが増えます。

感じること・脳の働き

クイズ69 答え ① レム睡眠

夢は、あさく短いねむりのレム睡眠のときによく見ます。レム睡眠では、からだは休んでいても脳は活動しています。ノンレム睡眠は深く長いねむりで、からだは動いてね返りをうったりしますが、脳は休んでいてあまり夢を見ません。

↑**ノンレム睡眠** つかれた脳を休めて回復させます。まぶたの下の目は動きません。

↑**レム睡眠** 脳は休まずに昼間の記憶を整理します。まぶたの下で目がさかんに動きます。

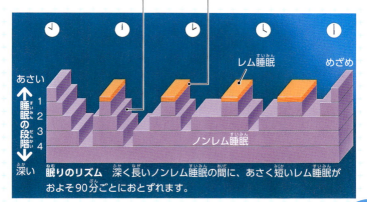

眠りのリズム 深く長いノンレム睡眠の間に、あさく短いレム睡眠がおよそ90分ごとにおとずれます。

クイズ70 痛みや熱さを感じやすいのはどこ?

わたしたちのからだの中で、いちばん痛みや熱さを感じやすいのはどこでしょう?

からだの部分で感じ方はちがうのかな?

① 背中

感じること・脳の働き

❷ 指先

❸ 舌

クイズ70 答え ③ 舌

痛みや熱さをいちばん感じやすいのは、舌、特に舌の先だといわれます。

痛みや熱さなどを感じるセンサー（受容体）は、全身にありますが、指先や手、くちびるなどに多く、背中やおしりなどは少なくなっています。

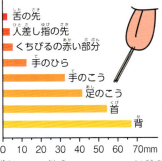

場所による感度のちがい 2か所同時にさわられたとき、舌の先ではその間が5mm以下でも区別できますが、背中では65mm以下だと1か所しかさわられていないと感じます。

辛味は痛み!?

トウガラシなどを食べて感じる辛さは、あまい、すっぱいといった味とはちがいます。じつは、辛味は、味覚の1つではなく、痛覚と温覚のセンサーで感じるものなのです。

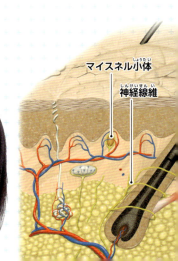

マイスネル小体
神経線維

感じること・脳の働き

皮ふの感覚

皮ふをおされるのを感じる圧覚、ものにふれたのを感じる触覚、痛みを感じる痛覚、熱さや暖かさを感じる温覚、冷たさや涼しさを感じる冷覚があります。

圧覚

触覚

痛覚

温覚

冷覚

皮ふのセンサー

皮ふにはいろいろな感覚の受容体（センサー）がちらばっています。マイスネル小体と毛根をとりまく神経線維は触覚、パチニ小体は圧覚、自由神経終末は、触覚と圧覚、痛覚、温覚、冷覚を感じます。

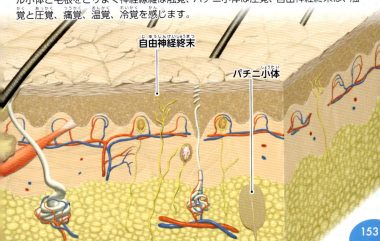
自由神経終末
パチニ小体

神経細胞の別名は？

わたしたちのからだは、全身にはりめぐらされた神経細胞に情報が伝わることでコントロールされています。さて、この神経細胞の別名は何でしょう？

1. ニューベン
2. バイロン
3. ニューロン

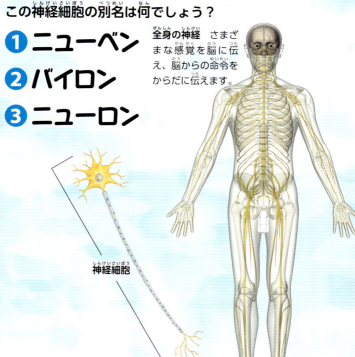

全身の神経　さまざまな感覚を脳に伝え、脳からの命令をからだに伝えます。

神経細胞

感じること・脳の働き

クイズ72 神経の中を信号が伝わる速さは最高でどれくらい？

感じた情報は信号として神経の中を伝わります。その速さは、最高で時速何kmくらいになるでしょう？

1. 100km以上
2. 200km以上
3. 300km以上

どれを選んでもすごく速いね

クイズ73 熱いものをさわったとき、とっさに手をひっこめる反応を何という？

1. 脊髄反射
2. 膝蓋腱反射
3. 条件反射

クイズ71 答え ③ ニューロン

神経細胞は、大きめの核をもつ細胞体と、電線のように信号を伝える軸索、枝わかれしてほかの神経細胞とつながる樹状突起からできています。これらの一組をニューロンといいます。

刺激の伝わり方

皮ふの受容体で感じた刺激が、電気信号や化学物質の信号となって、神経細胞から脳まで次々に伝わっていきます。

脊髄の神経細胞
細胞体
軸索
樹状突起
シナプス　神経細胞同士が接するところ。

皮ふ
感覚神経細胞
皮ふの受容体
ネコの毛

❶ ネコの毛の触覚を感じた皮ふの受容体が、その刺激を電気信号に変えます。

❷ 刺激の電気信号が神経細胞を伝わります。

感じること・脳の働き

クイズ72 答え ③ 300km以上

筋肉を動かすときに使う神経などでは、信号が伝わる速さが時速400kmをこえるといわれます。神経を信号が伝わる速度はさまざまで、軸索が太いほど速く伝わるようです。

③ 脳に伝わって刺激として感じます。

クイズ73 答え ① 脊髄反射

熱さや痛さなどの危険な刺激に対しては、刺激が脳に伝わる前に、脊髄が筋肉に動くように命令を出します。これを脊髄反射といい、危険をさけるための働きです。

熱いものにふれると、刺激が神経を通って脊髄に伝わります。

脳に刺激が伝わる前に、脊髄は筋肉に命令して手が引かれます。

そのあとすぐに、脳に刺激が伝わり、「熱い！」と感じます。

筋肉の動きやバランスをつかさどる脳の部分は?

脳は大脳、小脳、脳幹に大きく分けられ、それぞれ独自の役割があります。そのうち、筋肉の動きやからだのバランスをとる役割を果たしているのはどこでしょう?

① 大脳

② 小脳

③ 脳幹

大脳のしわをのばすとどれくらいの広さになる?

大脳には、たくさんのしわがきざまれています。このしわをのばすと、どれくらいの広さになるでしょう?

① この本1ページ
② 新聞1ページ
③ たたみ1枚

感じること・脳の働き

クイズ76 右脳はからだのどこを動かしている？

大脳は、左脳と右脳に分かれていて、それぞれ命令を出すからだの部分がちがいます。右脳は、からだのどこを動かしているでしょうか？

❶ 右半身　❷ 左半身　❸ 上半身

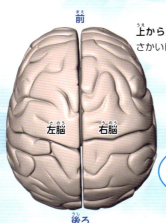

上から見た大脳　中央の深いみぞをさかいに左脳と右脳に分かれます。

右脳と左脳でちがう働きもあるよ

クイズ74 答え ② 小脳

小脳は筋肉の動きを細かく調節したり、大脳と連絡しながら、からだのバランスをとったりしています。大脳は人間らしい行動や思考、感情を生み出す役割、脳幹は生きていくために欠かせない呼吸や心臓の動き、体温などを調節する役割を果たしています。

クイズ75 答え ② 新聞1ページ

大脳のしわを広げると、新聞約1ページ大になります。大脳は、さまざまな働きをつかさどっていますが、大脳の場所によって、どの働きを受けもつかが決まっています。

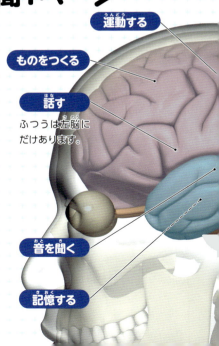

- 運動する
- ものをつくる
- 話す ふつうは左脳にだけあります。
- 音を聞く
- 記憶する

大脳の役割分担

左脳も右脳もほぼ同じような位置で、同じ働きを受け持ちます。ただし、言葉をつかさどる部分など、左脳だけに発達しているものもあります。

感じること・脳の働き

クイズ76 こたえ ② 左半身

　脳からからだにつながる神経は、脳の下側の延髄で交差していて、右脳は左半身、左脳は右半身の感覚や運動を受けもっています。感覚器から受け取る情報や基本的な運動の命令は、左脳と右脳でちがいはほとんどありません。

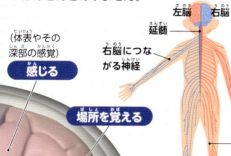

左右の脳 言葉で考えることや計算力については左脳が、音楽や芸術などの感性については右脳がつかさどります。

(体表やその深部の感覚)
感じる

場所を覚える

言葉を理解する

ものを見る

小脳 筋肉の動きやバランスの調節をつかさどります。

延髄 呼吸や心臓の動きなどをつかさどります。

大脳のしわは、脳の神経細胞がある場所を増やすためにあるよ

クイズ77 新しく覚えたことを一時的に記憶する脳の場所を何という?

ヒトは毎日たくさんの経験をし、それらの情報を脳のいろいろな場所にうつして、記憶します。新しい情報は脳のどこにいくでしょう?

① 海馬 ② 海豚 ③ 海猫

感じること・脳の働き

クイズ78 感情が高まると顔が赤くなるのはなぜ？

はずかしくなったり、おこったりして感情が高まると、顔が赤くなることがあります。これは、なぜでしょう？

1. **皮ふのメラニン色素が増えるから**
2. **血管が広がって血がたくさん流れるから**
3. **毛穴から赤い汗が出るから**

クイズ77 答え ① 海馬

さまざまな情報は、まず脳の奥にある海馬に保存されます。これを短期記憶といい、ほとんどは数分以内に忘れてしまいます。短期記憶をくり返し思い出したり、口に出したりすると、長期記憶に変わって大脳皮質に保存されます。

記憶される場所

まわりからの情報は、原始的な脳の部分で一時的に保存され、何年にもわたる長期記憶は、大脳皮質の側頭葉に保存されます。

短期記憶は大脳辺縁系の海馬に一時的に保存されます。

短期記憶を何度も思い出したりすると、長期記憶として大脳皮質の側頭葉などに保存されます。

外からの情報

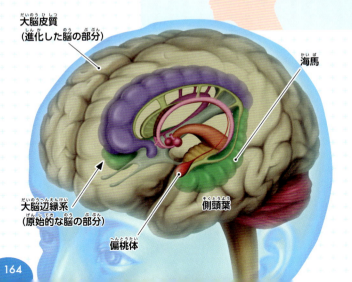

- 大脳皮質（進化した脳の部分）
- 海馬
- 大脳辺縁系（原始的な脳の部分）
- 側頭葉
- 偏桃体

感じること・脳の働き

クイズ78 答え ② 血管が広がって血がたくさん流れるから

感情が高まると、からだを調節する自律神経が働いて顔の皮ふの下の血管が広がり、血がたくさん流れます。その血がすけて見えるので皮ふが赤っぽく見え、顔が赤くなります。

自律神経の働き

自律神経は、意志とは関係なく働き、心臓や肺などの内臓の活動や、汗やだ液を出す活動などを調節しています。交感神経と副交感神経の2種類が、バランスを取り合って働いています。

交感神経 体を活発にする働きをします。
（赤色）

副交感神経 体を休ませる働きをします。
（緑色）

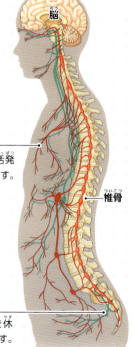

脳

椎骨

クイズ79 くしゃみやせきが出るのはどうして?

かぜをひいたときなどに、くしゃみやせきが出ます。どうしてでしょう?

❶ 体温を下げるため

❷ からだから異物を追い出すため

❸ からだをめざめさせるため

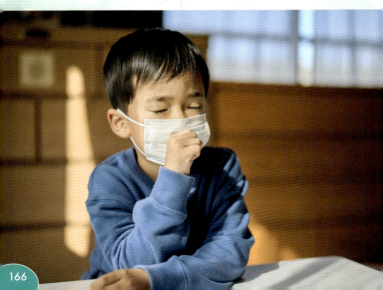

クイズ80 鼻水が出るのはどうして？

かぜや花粉症などで、鼻水がたくさん出ることがあります。鼻水が出る理由は、次のどれでしょう？

① 鼻から異物を洗い流すため
② よぶんな水分を出すため
③ 呼吸をしやすくするため

② からだから異物を追い出すため

空気には、ほこりや病原体などの異物がまざっています。口や鼻から入った異物が肺の中まで入らないように、くしゃみやせきで思い切り息をはき出して、それらを外に出しているのです。

くしゃみやせきが出るしくみ

のどや鼻の中は粘液でおおわれていて、異物を粘液でとらえます。くっついた異物が粘膜の中にある神経を刺激すると、脳の命令でくしゃみやせきが出て、粘液といっしょに異物を外に出します。

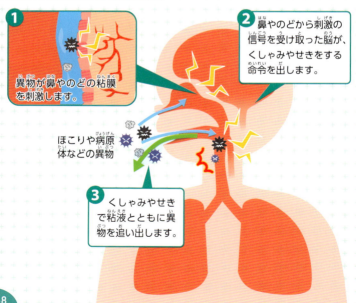

1. 異物が鼻やのどの粘膜を刺激します。
2. 鼻やのどから刺激の信号を受け取った脳が、くしゃみやせきをする命令を出します。
3. くしゃみやせきで粘液とともに異物を追い出します。

ほこりや病原体などの異物

けが・病気

クイズ80 答え ① 鼻から異物を洗い流すため

鼻水は、いつも少しずつ出て鼻の中を湿らせています。花粉や病原体などの異物が鼻の中に入ってくると、たくさんの鼻水が出て、異物をからだの外や胃の中へ洗い流します。

鼻水が出るしくみ

鼻の粘膜には、鼻水をつくって出す細胞や、異物を鼻水といっしょにのどの方へ運ぶ繊毛をもつ細胞があります。

鼻水の流れ
鼻水
繊毛
鼻水をつくる細胞

異物が入ると、大量に鼻水がつくられ、繊毛の動きでのどへ送られます。

鼻の穴
異物
食道

鼻水とともにのどに運ばれた異物は、たんとして口から出たり、胃で消化されたりします。

健康なときも1日に1〜1.5Lの鼻水がつくられているよ

クイズ81 血液の中で、細菌などからからだを守る働きをするのは?

血液には、赤血球と白血球、血小板の3種類の細胞があります。細菌などからからだを守る働きをするのは、どれでしょう?

① 赤血球
② 白血球
③ 血小板

顕微鏡で見た血液の写真だよ

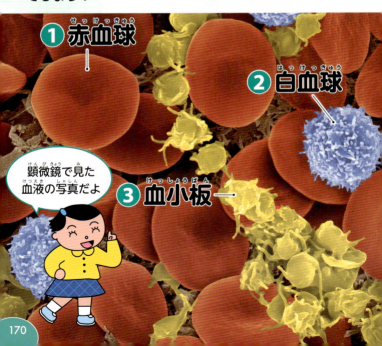

けが・病気

クイズ 82 からだの中に入った細菌などを、食べて退治するのは？

からだの中には、細菌などの異物を食べて退治する働きのある細胞があります。その細胞は、次のどれでしょう？

1. マクロファージ
2. Tリンパ球
3. 抗体

体内に入ってきた細菌

細菌を退治する細胞

クイズ81 答え ② **白血球**

血液の中で、細菌などからだを守る働きをするのは白血球です。白血球には、マクロファージやTリンパ球、好中球などさまざまな種類があります。

からだを守るしくみ（免疫反応）

細菌やウイルス、がん細胞などの異物に対して、さまざまな細胞が連携してからだを守っています。このしくみを免疫反応といいます。

病原体

1 **肥満細胞** 病原体を見つけると化学物質を出して血管のかべを広げ、白血球が外に出やすくします。

2 **好中球** 病原体を取りこみます。また、こわれて消毒液のような物質を出したりします。

3 **マクロファージ** 病原体を食べて分解するとともに、病原体の情報をTリンパ球に伝えます。

マクロファージは「大きな食べる細胞」という意味だよ

けが・病気

クイズ82答え ① マクロファージ

マクロファージは白血球の一種で、からだに侵入した細菌などの異物のほか、こわれた細胞などを取りこんで消化します。

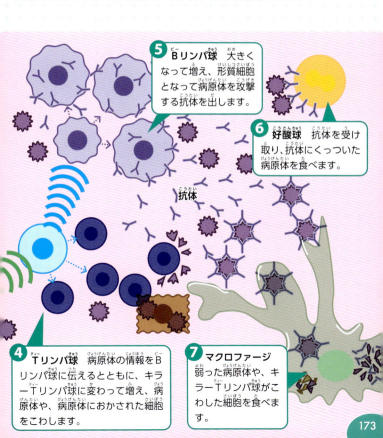

5 Bリンパ球 大きくなって増え、形質細胞となって病原体を攻撃する抗体を出します。

6 好酸球 抗体を受け取り、抗体にくっついた病原体を食べます。

抗体

4 Tリンパ球 病原体の情報をBリンパ球に伝えるとともに、キラーTリンパ球に変わって増え、病原体や、病原体におかされた細胞をこわします。

7 マクロファージ 弱った病原体や、キラーTリンパ球がこわした細胞を食べます。

クイズ83 アレルギーはどうしておこる?

ふつうは体内に入っても無害な食べ物や花粉でも、人によっては発熱やくしゃみなどのアレルギーを起こすことがあります。その原因は、次のどれでしょう?

① **からだを守る働きが、無害な異物に対して働くため**

② **ふつう無害な異物が、からだを攻撃してくるため**

③ **からだが異物になれるため**

↓まき散らされるスギの花粉　花粉を吸いこんでくしゃみなどの症状が出る花粉症も、アレルギーのひとつです。

けが・病気

① からだを守る働きが、無害な異物に対して働くため

　アレルギーは、からだを守る働きが、細菌などの有害な異物だけでなく、食べ物や花粉などのふつうは無害な異物に対しても働き、発熱やくしゃみなどを引き起こします。

花粉症の症状が出るしくみ

　花粉を有害な異物と判断して抗体がつくられ、抗体と肥満細胞がくっつきます。再び同じ花粉が体内に入ると、肥満細胞から発熱やくしゃみなどをひきおこす化学物質が出ます。

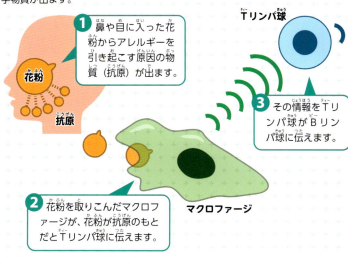

1. 鼻や目に入った花粉からアレルギーを引き起こす原因の物質（抗原）が出ます。

2. 花粉を取りこんだマクロファージが、花粉が抗原のもとだとTリンパ球に伝えます。

3. その情報をTリンパ球がBリンパ球に伝えます。

けが・病気

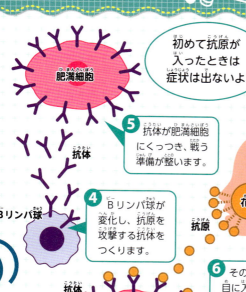

初めて抗原が入ったときは症状は出ないよ

5 抗体が肥満細胞にくっつき、戦う準備が整います。

4 Bリンパ球が変化し、抗原を攻撃する抗体をつくります。

6 その後、同じ花粉が鼻や目に入って抗原を出します。

7 肥満細胞の抗体に抗原がくっつくと、ヒスタミンなどの化学物質が出ます。

8 ヒスタミンなどが神経や血管を刺激して、くしゃみなどの症状が出ます。

クイズ84 かぜをひくと寒気がしてふるえるのはなぜ?

かぜをひくと、厚着をしていても寒気がして、からだがふるえることがあります。その理由は次のどれでしょう?

1. 体温を上げるため
2. 体温を下げるため
3. 恐怖を感じるため

寒気のことを悪寒ともいうよ

けが・病気

クイズ 85
からだの中で有害なものや脂肪などを運ぶ液は?

血液のほかにも、全身をめぐって有害なものや脂肪を運ぶ液があります。その液は、次のどれでしょう?

① カンパ液
② リンゴ液
③ リンパ液

やけどでできた水ぶくれの中にもこの液が入ってるよ

↓水ぶくれ

クイズ 86
傷口をふさぐ働きをする血液の成分は?

けがをして血が出たとき、まっ先に傷口をふさぐ働きをする血液の成分は、次のどれでしょう?

① 赤血球
② 白血球
③ 血小板

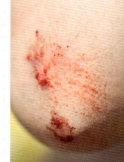

クイズ84 答え ① 体温を上げるため

　かぜをひいたとき、寒気がしてふるえるのは、筋肉をふるわせて体温を上げるためです。高い体温は、病原体の活動を弱めることができ、からだを守る白血球の働きを高めます。

熱が出るしくみ

①かぜをひく
かぜのウイルスが体内に入り、細胞にとりついて増えます。

②脳に知らせる
白血球がウイルスと戦いながら、熱を出すように脳へ情報を送ります。

③熱を出すように命令する
白血球から情報を受け取った脳が、からだに熱を出すように命令します。

④熱が上がる
筋肉をふるわせて熱を出し、熱がにげないように血管を細くします。

⑤熱で白血球を助ける
ウイルスの活動を弱め、白血球を元気にします。高熱は

けが・病気

クイズ85 答え ③ リンパ液

リンパ液は透明な液体で、全身にはりめぐらされたリンパ管を通って、病原体などの有害物や脂肪を運んでいます。

リンパ管が合流するリンパ節に運ばれた病原体は、リンパ液の中のリンパ球によって退治されます。

リンパ節 首やわきの下、足のつけ根などにあります。かぜをひいたりすると、リンパ球が病原体と戦ってリンパ節がはれます。

クイズ86 答え ③ 血小板

けがをして血管から血が出ると、血小板が血をかためる物質を出し、これが血しょう中の物質と反応して糸状のフィブリンができます。フィブリンは、傷口で赤血球をからめてかため、血を止めます。

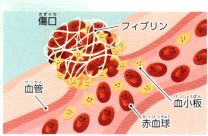

血小板の変化 血小板は働くときには、球状から突起のある形に変わります。

クイズ87 インフルエンザ予防接種の注射器の中には何が入っている?

インフルエンザ予防接種の注射を打つと、インフルエンザにかかりにくくなり、またかかっても症状がひどくなりにくいです。注射器には何が入っているでしょう?

1. **ヒトの血**
2. **インフルエンザウイルス**
3. **かぜ薬**

予防接種ではワクチンというものを注射するよ

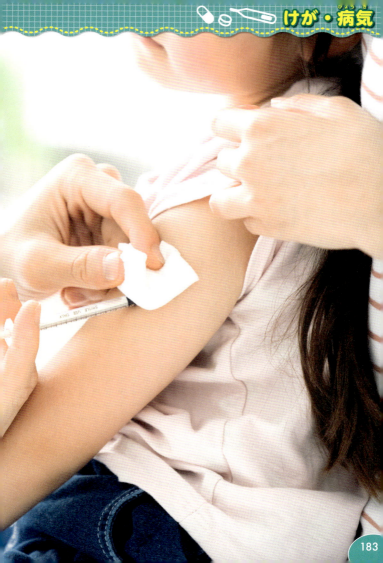
けが・病気

クイズ87 答え ② インフルエンザウイルス

インフルエンザ予防接種の注射器の中には、インフルエンザウイルスからつくられたワクチンが入っています。ウイルスの毒性はなくしてあるので、予防接種でインフルエンザの症状が出ることはありません。

↑電子顕微鏡で見たインフルエンザウイルス
体内に入ったインフルエンザウイルスが増え、からだの細胞をこわすことでかぜの症状がひきおこされます。

インフルエンザウイルスのワクチンができるまで

ニワトリの卵を使い、6か月ほどかけて製造されます。近年、タバコの葉を使って1か月ほどで製造する方法が研究されています。

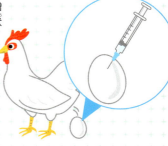

ニワトリの有精卵に、インフルエンザウイルスを注射します。

予防接種(ワクチン)の働き

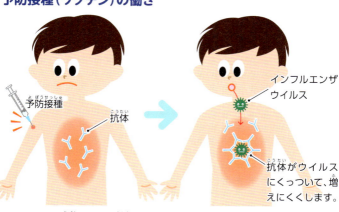

ワクチンを注射すると、体内にインフルエンザウイルスに対する抗体ができます。

インフルエンザウイルスに感染したときに抗体が働いて、インフルエンザウイルスが増えにくくなります。

卵を温めて、卵の中のインフルエンザウイルスを増やします。

卵から取り出したインフルエンザウイルスの毒性をなくします。

安定剤などをまぜて、小さな容器に入れ、検査を経て出荷されます。

水ぼうそうの原因は?

　水ぼうそうは、全身にかゆみの強い水ぶくれができる感染症のひとつです。その病原体は、次のどれでしょう?

① 黄色ブドウ球菌
② ヘルペスウイルス
③ アデノウイルス

水ぼうそう　赤い湿疹ができ、少しふくらんでから、水ぶくれになります。その後、かさぶたになって、1週間ほどで治ります。

三日はしかといわれる感染症は?

① 風しん
② 麻しん
③ 水とう

①〜③のどれにかかっても、からだに赤いぶつぶつが出るよ

けが・病気

クイズ 90 胃腸炎を起こすウイルスではないものは？

1. ノロウイルス
2. ロタウイルス
3. RS(アールエス)ウイルス

胃腸炎の症状は腹痛や下り、はき気などだよ

クイズ 91 おさしみなどを食べておなかが痛くなる原因になる寄生虫は？

食べ物や水から人に感染し、人に害をあたえる寄生虫がいます。おさしみなどから人に感染し、腹痛を起こす寄生虫は次のどれでしょう？

1. カンノムシ
2. アニサキス
3. サナダムシ

しめサバ
サバを塩や酢でしめた料理です。答えの寄生虫は塩や酢で殺すことはできません。

クイズ88 答え ❷ ヘルペスウイルス

水ぼうそうの原因は、ヘルペスウイルスの一種、ヘルペスウイルス3型（水痘・帯状ほうしんウイルス）です。全身の湿疹が治った後も、ウイルスは体内の神経の集まり（神経節）にひそみ、何年もたってから帯状ほうしんを起こすこともあります。

帯状ほうしん ストレスがたまったり、年を取ったりして免疫力が下がると起こり、ひどく痛む帯状の水ぶくれができます。

クイズ89 答え ❶ 風しん

風しんは、風しんウイルスに感染して起こります。はしかとよばれる「麻しん」より短い期間で治ることから、「三日はしか」とも呼ばれます。一度かかると二度とかかりませんが、大人がかかると重症化することがあり、特に妊婦が感染すると、赤ちゃんに悪い影響を与えることがあります。

風しん予防をよびかけるポスター
風しんの感染拡大を防ぎ、生まれてくる赤ちゃんを守るため、予防接種を受けるよう呼びかけています。

風疹予防啓発ポスター：国立感染症研究所HP (https://www.niid.go.jp/niid/ja/rubella-poster2013.html) より

けが・病気

クイズ90 答え ③ RSウイルス

RSウイルスに感染すると、発熱や鼻水など、かぜと同じような症状が数日続き、肺炎を起こすこともあります。ノロウイルスとロタウイルスは、胃腸炎を起こすウイルスです。

子どもとRSウイルス 1歳までに半数以上、2歳までにほぼ100%の子どもが感染し、幼いほど重症になりやすいです。

クイズ91 答え ② アニサキス

アニサキスの幼虫は、サバやイカなどの魚介類に寄生します。寄生された魚介類を生で食べると、幼虫がヒトの胃や腸のかべに侵入して激しい腹痛を起こします。

魚に寄生していたアニサキスの幼虫
長さは2〜3cm。目で確認して取り除いたり、十分に加熱または冷凍したりすることで感染を予防できます。

貧血でめまいなどが起こるのはなぜ?

血液中の赤血球や、赤血球中のヘモグロビンが少なくなることを貧血といいます。貧血になるとめまいや息切れなどが起きますが、それはなぜでしょう?

❶ からだに二酸化炭素が足りなくなる

❷ からだに酸素が足りなくなる

❸ からだに窒素が足りなくなる

けが・病気

クイズ93 鼻血が出たときにしてはいけないことは？

1. 上を向く
2. 下を向く
3. 鼻を冷やす

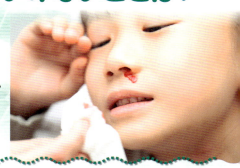

クイズ94 たんこぶの中には何が入っている？

頭を強く打ったところがふくらんで、たんこぶができることがあります。たんこぶの中には、何があるでしょう？

1. 血
2. 脂肪
3. 空気

② からだに酸素が足りなくなる

　赤血球中のヘモグロビンは、酸素を全身に運んでいます。赤血球やヘモグロビンが少なくなると、からだにじゅうぶんな酸素が行きわたらず、めまいや息切れ、つかれなど、いろいろな症状が出ます。

鉄が足りないと貧血になる

　貧血になる原因はさまざまですが、ヘモグロビンの材料になる鉄が不足してなることがとても多いです。かたよった食事をとっているとき、育ちざかりの時期、妊娠中は、鉄が不足しやすいので注意が必要です。

→**妊娠中**　おなかの赤ちゃんを育てるためにたくさんの鉄分や血液が必要です。

↑**かたよった食事**　鉄分をふくむものを食べないと、鉄がからだに入りません。

←**育ちざかり**　からだを成長させるためにたくさんの鉄分や血液が使われます。

けが・病気

クイズ93 答え ① 上を向く

鼻血が出たときに上を向くと、血を飲みこんで気分が悪くなってしまうことがあります。下を向いたり鼻を冷やしたりして手当てしましょう。それでも止まらないときや、鼻血の量が多いときは病院に行きましょう。

鼻血の止め方 下を向いて親指と人差し指で鼻のつけ根を5～10分間つまみます。

クイズ94 答え ① 血

かたいたんこぶの中には、頭を強く打ったときに皮ふの中で出た血のかたまりが入っています。まれにできる、ぶよぶよしたやわらかいたんこぶは、骨のまわりの膜の間に血がたまった状態です。

かたいたんこぶ 皮ふの中で出血し、血がかたまります。さわるとかたく、1～2週間ほどで治ります。

ぶよぶよのたんこぶ 腱膜と骨の間に血がかたまらずにたまります。数週間以内に血が吸収されて治ります。

熱中症になるのはどうして？

暑くじめじめした環境にからだがたえられなくなると、めまいや筋肉痛などさまざまな症状が出てきます。これを熱中症といいます。熱中症の原因は次のどれでしょう？

1. 体温が下がるから
2. 冷たいものを飲みすぎるから
3. からだの熱がにげないから

けが・病気

クイズ96 筋肉痛はどうして起こる？

激しい運動やふだんしない運動をした次の日、筋肉が痛むことがあります。これを筋肉痛といいます。では、筋肉痛の原因は次のどれでしょう？

① 筋肉がはれたから
② 筋肉を治そうとしているから
③ 筋肉がちぢもうとするから

クイズ95 答え ③ からだの熱が にげないから

体温が上がると、ふつうは汗をかいたりして熱を外ににがし、体温を下げようとします。しかし、真夏の暑い日や梅雨明けに急に暑くなったときなど、気温や湿度が高い時期は、うまく熱を外ににがすことができなくなり、熱中症になりやすくなります。

熱中症にならないために

暑さに負けないからだづくりや、水分をこまめにとるなど暑さ対策を心がけましょう。

室内をすずしくする

水分をこまめにとる

衣服を工夫する

休けいをこまめにとる

熱中症になったと思ったら、すぐに大人に相談しよう

けが・病気

クイズ96 答え ② **筋肉を治そうとしているから**

筋肉痛は、傷んだ筋肉を治すときに起こる筋肉の痛みです。筋肉痛が起こる筋肉は、骨格筋という骨につく筋肉です。心臓を動かす心筋や、内臓や血管を形づくる内臓筋には、筋肉痛がありません。

→**筋肉のつくり** 筋肉は細長い細胞である筋線維の束で、筋線維の中には筋肉の収縮を起こすためのとても細い筋原線維がつまっています。

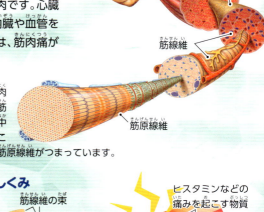

筋肉痛が起こるしくみ

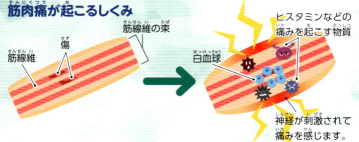

激しい運動などで筋線維に細かい傷ができます。

傷を治すために白血球が集まり、痛みを起こす物質がつくられます。

クイズ97 ねんざのときに、傷ついている部分は?

ねんざは、転んで足首などをひねったとき、関節のある部分が傷ついて起こります。ある部分とは、どこでしょう?

① けん帯　② ほう帯　③ じん帯

クイズ98 肉ばなれってどういう状態?

肉ばなれは、太ももやふくらはぎで起こりやすい筋肉のけがのひとつです。肉ばなれをした筋肉は、次のどの状態になっているでしょう?

① 筋肉が切れてさけている
② 筋肉がのびきっている
③ 筋肉がかたまっている

けが・病気

クイズ99 肩こりはどうして起こる?

首の後ろから肩、背中にかけて、筋肉がこわばったり、痛みを感じたりするのが、肩こりです。肩こりを起こすのは、筋肉がどういう状態になるからでしょう?

① **筋肉がかたくなるから**
② **筋肉がのびてしまうから**
③ **筋肉がつぶれるから**

同じ姿勢を続けると肩こりになりやすいよ

クイズ97 答え ③ じん帯

ねんざは、足首や指などの関節を不自然にひねって、関節をつなぐじん帯がのびたり切れたりして傷つくことです。筋肉や腱、骨が傷つくこともあります。

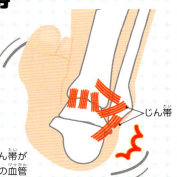
じん帯

ねんざ 関節をひねったとき、じん帯がのびたり切れたりすると、まわりの血管が切れ、はれたり、痛みが出たりします。

クイズ98 答え ① 筋肉が切れてさけている

肉ばなれは、筋肉が切れて一部がさけている状態です。関節を動かしてのびる筋肉に、逆にちぢむ力が加わることで起きます。

肉ばなれの起き方

ひざをのばすと、太ももの前側の筋肉がちぢみ、裏側の筋肉はのびます。

ちぢむ / のびる

このとき強く地面をふむと、地面がはね返す力などで裏側の筋肉がちぢめられ、肉ばなれが起きます。

地面からの力 / ちぢむ / 筋肉がさける

けが・病気

クイズ99 答え ① 筋肉がかたくなるから

僧帽筋など、首の後ろから肩や背中にある筋肉は、姿勢を保つために働いています。長時間同じ姿勢を続けたりすると、筋肉がかたくなって肩こりを引き起こします。

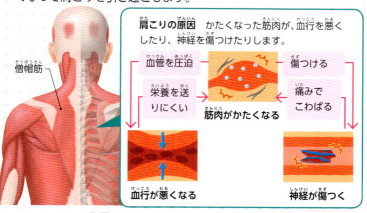

僧帽筋

肩こりの原因　かたくなった筋肉が、血行を悪くしたり、神経を傷つけたりします。

血管を圧迫／傷つける／栄養を送りにくい／痛みでこわばる／筋肉がかたくなる／血行が悪くなる／神経が傷つく

スマホやビデオゲームでずっと遊んでいると子どもでも肩こりになるよ

からだのどんな細胞にも変われる細胞は?

① iDS細胞
② iSwitch細胞
③ iPS細胞

山中伸弥教授 この細胞をつくった成果が評価され、2012年にノーベル生理学・医学賞を受賞しました。

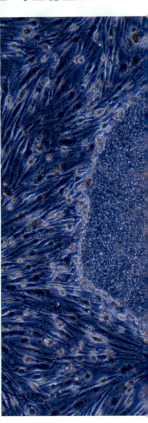

けが・病気

京都大学の山中伸弥教授の研究グループが、からだのどんな細胞にも変わることのできる細胞をつくりました。これは何細胞とよばれるでしょう？

↓顕微鏡で見たこの細胞　中央にこの細胞が重なり合った集団が見えます。

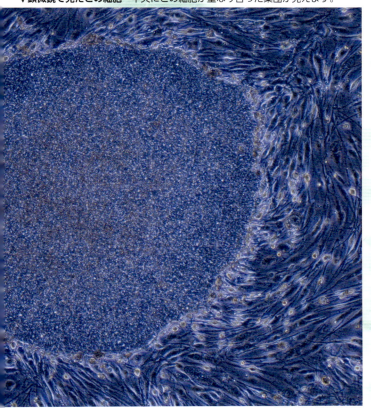

写真：京都大学教授 山中伸弥

③ iPS細胞

ヒトのからだは、受精卵という1つの細胞が細胞分裂で細胞の数を増やし、胚盤胞を経て、さまざまな組織に変化(分化)してつくられます。ふつう、分化した細胞は、ほかの組織の細胞に変わることはできませんが、iPS細胞はそれができる細胞なのです。

iPS細胞のつくり方 ヒトからとった皮ふの線維芽細胞に、3〜4種類の遺伝子(多機能誘導因子)を取りこませて育てると、iPS細胞になります。

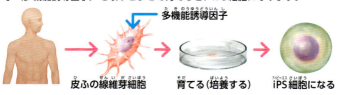

皮ふの線維芽細胞 → 育てる(培養する) → iPS細胞になる

iPS細胞の利用

iPS細胞からいろいろな内臓や神経などの細胞をつくって、病気などで悪くなった細胞と入れかえる研究が進められています。また、つくられた細胞を使って、新しい薬や病気の治療法の開発も行われています。

iPS細胞やES細胞はからだのどんな細胞にもなれるから、万能細胞ともよばれるよ

分化をうながす

194ページの山中教授写真:京都大学iPS細胞研究所

けが・病気

ES細胞

ES細胞は、iPS細胞より先につくられた、さまざまな組織に分化できる細胞です。胚盤胞から内細胞塊を取り出して、分化しないように育ててつくります。

受精卵 → 胚盤胞 → 内細胞塊 → 分化しないように育てる → ES細胞

つくられる細胞の例

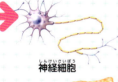
神経細胞

すい臓の細胞

心筋細胞

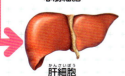
肝細胞

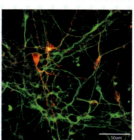

←ヒトiPS細胞から誘導したドーパミンをつくる神経細胞

写真：京都大学iPS細胞研究所　森実飛鳥

再生医療や病気の原因究明、新薬の開発、薬の副作用の調査などに利用されます。

■監修
北海道大学名誉教授、北海道医療大学名誉教授　**阿部和厚**（あべかずひろ）

■写真
国立感染症研究所
京都大学iPS細胞研究所
PIXTA
山田智基/PPS通信社
photolibrary

■3Dイラスト
新井浩二
KAM
（黒木博、阿部和厚、
三品隆司）

■イラスト・図版
阿部和厚
いずもりよう
伊藤一穂
大沢金一
黒木博
魚住理恵子
上村一樹（レンリ）
茶々あんこ
長谷川一光
古沢博司
松原由幸
山崎まりゑ
吉見礼司

■装丁
佐々木恵実
（ダグハウス）

■編集・レイアウト
ハユマ
鈴木進吾

■レイアウト
神戸道枝

■ロゴデザイン
tobufune

■編集協力
KAM

■校正
鈴木進吾

■編集
梅崎 洋
庄司日和
徳永万結花

```
2021 年  2 月 23 日  第 1 刷発行
2025 年  5 月 12 日  新装版第 1 刷発行
```

発行人	川畑 勝
編集人	高尾俊太郎
発行所	株式会社Gakken 〒141-8416 東京都品川区西五反田2-11-8
印刷所	TOPPANクロレ株式会社

■この本に関する各種お問い合わせ先
●本の内容については、下記サイトの
お問い合わせフォームよりお願いします。
https://www.corp-gakken.co.jp/contact/
●在庫については
　Tel：03-6431-1197（販売部）
●不良品（乱丁、落丁）については
　Tel：0570-000577
　学研業務センター
　〒354-0045
　埼玉県入間郡三芳町上富279-1
●上記以外のお問い合わせは
　Tel：0570-056-710
　（学研グループ総合案内）

■学研グループの書籍・雑誌についての
　新刊情報・詳細情報は、下記をご覧く
　ださい。
　学研出版サイト
　https://hon.gakken.jp/

お客様へ
＊表紙の角が一部とがっていますので、お取り
　扱いには十分ご注意ください。

ⓒ Gakken

本書の無断転載、複製、複写（コピー）、翻訳
を禁じます。
本書を代行業者等の第三者に依頼してスキャ
ンやデジタル化することは、たとえ個人や家
庭内の利用であっても、著作権法上、認めら
れておりません。

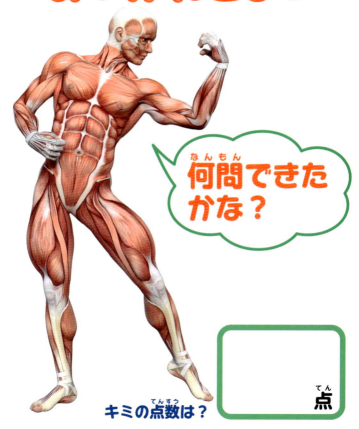